中公新書　2750

金澤裕之著

幕府海軍

ペリー来航から五稜郭まで

中央公論新社刊

まえがき

本書は幕末期に江戸幕府が創設した日本初の近代海軍組織、いわゆる幕府海軍の物語である。幕府海軍は安政《あんせい》二年（一八五五）に誕生し、江戸幕府の崩壊とともに一三年間という短期間で歴史的使命を終えたが、この間に長崎海軍伝習《でんしゅう》、「咸臨丸《かんりんまる》」の太平洋横断航海など日本の海軍史に記憶されるさまざまな足跡を残し、勝海舟《かつかいしゅう》、榎本武揚《えのもとたけあき》をはじめとする人材が数多く輩出した。まさに近代日本海軍の嚆矢《こうし》と言うべき存在である。

一七世紀前半にオランダ、清《しん》国、朝鮮以外の国との交流、交易を断ち、それ以来外国との接触を著しく制限してきた日本は、一八世紀末以降になると断続的に外国船の来航を経験するようになる。彼らの目的は燃料、水、食料といった航海に必要な物資の確保、あるいは日本との通商関係樹立にあった。その代表例が嘉永《かえい》六年（一八五三）のペリー来航であり、

「西洋の衝撃《ウェスタン・インパクト》」という歴史学上の専門用語は、現在では一般的にも馴染《なじ》みのある言葉になっている。西洋の衝撃は明治維新をはじめとして、日本のあらゆる分野に変革をもたらし、多くの組織、制度、技術が生まれた。その一つが近代海軍である。

幕末期に近代海軍の建設に取り組んだのは江戸幕府だけではない。薩摩《さつま》藩、長州《ちょうしゅう》藩、佐《さ》賀《が》藩など、西南雄藩をはじめとする諸藩が相次いで海軍建設に乗り出し、一部は明治海軍の基盤となった。なかでも日本海軍の誕生と言ってまず連想されるのは、東郷平八郎《とうごうへいはちろう》ら明治海軍を担った人材が数多く輩出した薩摩の海軍であろう。あるいは第二次幕長戦争（第二次長州征討）で軍艦を駆って幕府海軍に奇襲を仕掛けた、長州藩の高杉晋作《たかすぎしんさく》の勇姿を挙げる方もおられようか。

こうした薩長海軍の引き立て役となりがちな幕府海軍を本書の主役にする理由は、単にその規模が諸藩海軍を凌駕《りょうが》していたからだけではない。幕府海軍一三年の歴史には、近世から近代への転換期に日本が直面したさまざまな課題が凝縮されているのである。

近代海軍とは、人員、装備、制度、あらゆる面で近代の概念を文字どおり体現した軍事組織である。ただし、江戸幕府はその意味を十分理解しないまま、幕府という実に近世的な、そして諸藩とは比較にならないほど巨大な官僚機構の枠組みのなかで海軍建設をスタートさせた。結果的に幕府海軍は近世と近代の桎梏《しっこく》という、近代日本のあらゆる局面で起きた問題を軍事面で他に先んじて経験することとなった。ここで興味深いのは、幕府で海軍建設の実務を担ったサムライたちがこの点に気づき、ある時期から単なる装備の洋式化にとどまらない近代海軍化を目指すようになった点である。これは諸藩海軍の多くが従来の水軍組織を基盤とする「水軍の洋式化」にとどまったのとは明確に異なる。幕府軍制という近世的軍隊の枠組みのなかから出発し近代海軍建設に取り組んだ幕府海軍の苦悩は、近代日本の産みの苦しみと軌を同じくしていると言えよう。

筆者は二〇年あまり海上自衛官として勤務するかたわら、任務の合間を縫《ぬ》って幕府海軍の研究をしてきた。この間、全国に点在するさまざまな史料を通じて出会った魅力的な人物たち、興味深い発見の一部を『幕府海軍の興亡』にまとめて世に送り出したが、学術書という同書の性格から取り上げることができないものも多かった。本書では幕府海軍に関わった人々の群像、そして彼らにまつわるエピソードを交え、読者諸賢におよそ一五〇年前、一三年間だけ存在した軍事組織のことを、より身近に感じていただきたいと考えている。

去る二〇一八年は明治維新一五〇年にあたり、日本中でさまざまなイベントが催され、数多くの書籍が出版された。明治維新への関心が高まることはこの時代を専門とする研究者としてまことに喜ばしいことだが、ともすれば近代日本は明治維新を起点にゼロから始まったという文脈で語られがちである。筆者が関連イベントで講演した際も聴衆からそうした反応を受けることがあり、しばしば困惑を覚えた。日本の近代化は近世との連続性と断絶性の両面から論じられるべきものであり、片方に偏った理解は現代に生きる私たちのアイデンティティーに深刻な影響を与える危険があると筆者は懸念している。本書では古代から説き起こし、幕末・維新期にとどまらない、より長い時間軸で日本の海軍建設を見ていくこととしたい。

幕府海軍を単に幕末維新史と日本列島という限定された地理的範囲のなかだけで捉《とら》えるのではなく、古代から現代までの時間軸と、一九世紀の国際社会という空間軸、このタテ軸とヨコ軸を交差させて立体的に理解することも本書のねらいである。幕府海軍を普遍的な軍事概念である海軍（Navy）の一形態として相対化することは、大学院で歴史学と安全保障学の双方を学んだ筆者の使命であると同時に、今日的に重要な意義を持つと考えている。

なお、本書では原則的に明治五年十二月二日までを太陰太陽暦（旧暦）で、それ以降をグレゴリオ暦（新暦）で表記する。ただし、明治五年以前でも日本以外の場所での出来事は必要に応じてグレゴリオ暦で表記する。また、史料引用にあたっては読者の読みやすさを優先し、旧字旧かなは原則として新字新かなに、適宜漢字をひらがなに置き換え、句読点、濁点、ふりがなを付し、人物の年齢は数え年とした。さらに本書特有の問題として船の排水量表記がある。蒸気船が導入されたばかりの幕末期日本では船舶の管理制度が未整備であり、排水量に諸説ある船も少なくない。本書ではこの場合、最も合理的と思われる数字を採用した。

目次

図表作成◎ヤマダデザイン室

序章　日本列島と海上軍事

――古代～一八世紀

1　海軍とは

海軍の定義と起源

近年、幕末・維新期の海軍に関する優れた研究が次々と発表され百花繚乱《ひゃっかりょうらん》の様相を呈しているが、筆者が残念に思うのは、主に日本人研究者によって著された研究の多くが軍事力としての海軍の特性に関心を払っていない点である。そこで本書では本題に入る前にまず海軍とは何かを確認しておきたい。

海軍とは、海洋、河川、湖沼などの水上・水中で活動する軍事力の総称であり、軍艦、潜水艦、特務艦、艦載機などの兵器、これらに関連する陸上基地、その運用に従事する人員で構成される。より大きな概念で考えれば、人類と海洋の関係を包括的に示す概念である「海事」（Maritime Affairs）の軍事的側面という捉え方もできる。

人類の歴史における海軍の起源を明確に示すのは難しいが、太古の昔から陸上で戦いを繰り広げてきた人類が、科学や技術の進歩あるいは戦術思想の発達により軍事活動の場を水上へ広げ、海軍という軍種が生まれるに至ったと推測されている。

記録上、船が戦争に用いられた最も古い例は、紀元前二四五〇年頃、エジプトがレバノン、パレスチナへ遠征した際、軍勢がナイル・デルタを経て海から上陸した事例である。紀元前一二世紀頃になると、二段あるいは三段のオールで進退し、一本マストに四角帆を張った軍船（ガレー船）同士の戦闘が地中海沿岸で繰り広げられるようになる（R・G・グラント『海戦の歴史大図鑑』）。

海軍の三大機能

安全保障に関する数多くの著作で知られるイギリスの国際政治学者ケン・ブースは、海洋の利用という観点で海軍の機能を三つ挙げている（図0-1）。

①軍事的役割

相手が脅威と認識し、また実際に軍事力を行使し得る能力は、平時と有事の双方で作用し、他の二つの機能を含めた海軍の機能全体の基盤となるものである。

図0-1　ケン・ブースが図示する海軍の３機能
出所：Ken Booth, *Navies and Foreign Policy*, London: Croom Helm, 1977, p. 16.

軍事的役割において海軍は、平時にあっては自国や同盟国に対する敵の攻撃を抑止して国民の生命、権利、財産を保護し、有事にあっては自国や同盟国にとって必要な海域を支配し、陸上の目標へ兵力、物資を輸送するとともに海洋を利用した敵の意図を阻止する。

これを最初に概念化したものが一九世紀後半のアメリカ海軍軍人アルフレッド・マハンが提唱した「シー・パワー」であり、これを一言で表すと「我《われ》が自由に海洋を利用し、敵にそれを許さない能力」となる。その根幹を成すのが海軍の軍事力ということになる。

海軍の軍事能力のなかでも筆者が特に重視するのが、パワー・プロジェクション（戦力投射）能力である。パワー・プロジェクションとは、今日においては陸・海・空の軍種によって少しずつ定義の異なる概念であるが、本書は現代の軍事・安全保障について詳説することを目的としていないので、ここでは深入りを避ける。本書では大まかに軍隊（戦力）を自国の領土以外の地域へ展開し、維持する能力という意味で御理解いただきたい。

数千年単位の時間軸で海軍の歴史を繙《ひもと》くと、純然たる戦闘能力が海軍力全体に占めた割合は必ずしも大きくない。ガレー船の戦闘に代表される古代の海戦は、軍船に乗り組んだ兵士が敵船に移乗して白兵戦を挑み、敵船を奪取する形態が主だった。軍船が兵士を戦場へ送りこむプラットフォームとして機能している点で、これはまさに海軍によるパワー・プロジェクションの原始的な姿である。

二〇世紀初頭のイギリスで活躍し、海軍戦略家としてしばしばマハンと並び称されるジュリアン・コーベットは、戦争において海上戦闘自体が決定的な影響を与えたことはほとんどないと論じ、陸軍力と海軍力の連携を重視した。軍艦の戦闘力が他の兵器に比べて極端に優越していた、一九世紀後半から二〇世紀初頭にかけての短期間を除き、海軍の一番の役割は、他の兵力、物資を戦争領域へ大量かつ安価に運ぶことだった。現代でも航空母艦による航空機の投射、各種ミサイルのプラットフォームとしての水上艦・潜水艦の機能など、戦力投射の経済性において、海軍は他軍種よりも優位にある。

②外交的役割

軍事力は自国の独立と安全を確保するための手段という機能を持つ。国家間の関係で言えば、それは他国からの意思の強要を拒むと同時に、他国に自国の意思を強要するための手段にもなる。また、国際政治学のなかでも国際関係を国家主体の国益と軍事力の観点から分析するリアリズム学派の立場から見れば、軍事力は国際社会を構成する諸国家に国際法の遵守を強制することで、国際社会に秩序を提供する機能を持つ。

海軍力は即応性、機動性において陸軍力に優れ、持続性において空軍力に勝るといった具合に、他軍種と比べて柔軟性に富み、コントロールが比較的容易な軍事力であると考えられている。こうした特性から海軍は意思の強要もしくは拒否、あるいは紛争の抑止といった国家間の交渉において重要な役割を果たしてきた。ブースは海洋に面する国家にとって、海軍はその外交政策の遂行と密接に関わる存在であると指摘する。

国家の威信を代表する軍艦や艦隊の派遣、あるいはその存在そのものが、敵対国に対しては示威《じい》、牽制《けんせい》となり、友好国に対しては親善や連帯の意思表示、もしくは我にとって望ましい行動、選択を促す機能を果たす(同盟の再保障)。一九世紀後半に日本が受動的にも能動的にも経験した「砲艦外交」はまだ過去の遺物になっていない。二〇世紀初頭のアメリカ大統領セオドア・ローズヴェルトの言葉「棍棒《こんぼう》を携《たずさ》え、穏やかに話す」は、この考え方を端的に表すものとしてよく引用される。コロンビアからのパナマ独立、それに伴うアメリカのパナマ運河権益獲得に代表される、いわゆる「棍棒外交」を可能ならしめたのは、ローズヴェルトが心血を注いで育成した強力な海軍力だった。現在でも航空戦力の打撃力と水上艦の持続性を組み合わせた航空母艦が、国家間紛争を解決する手段としてしばしば紛争地域に派遣される存在であることは、読者諸賢もよくご存じのとおりである。

③警察的役割

警察活動は主権国家の統治行為のひとつであり、その領域内における公共の秩序維持を目的に行われる。海軍の警察的役割も沿岸部の治安維持、国内秩序の安定といった、すぐれて国内的な要素であり、主に領海内で機能するものである。

その一方で、これは同時に国外へ向いているものでもある。海上の輸送は陸路と比べて格段にすばやく大量に、そして安価に行える。二〇世紀に入り速度の優位は航空機に取って代わられたが、総合的な経済性において、海上輸送は今も交易の主役である。ゆえに公共財としての海洋を利用する全ての国家にとり、海上交通の安全を確保することは、古代から現代に至るまで極めて重要な課題でありつづけてきた。

マハンは主著『海上権力史論』のなかで、海軍が海運保護に果たす役割を重視した。「海軍の必要性は平和な海運業を営もうとすることに由来するのであり、海運業がなくなれば海軍もまた消滅する」というマハンの言を俟《ま》つまでもなく、国家の繁栄を海上交通に依存する国々にとり海洋の安定した秩序は欠くことのできないものである。有事は言うに及ばず平時にあっても、多くの場合でその担い手となったのは海軍であり、たとえ一隻《せき》の小さな軍艦であろうと海洋における不法行為に対しては、時として実際の能力以上の抑止力を発揮することができた。例えばいち早く産業革命を達成した大英帝国が繁栄を極めた一九世紀、いわゆるパクス・ブリタニカにおいてイギリス海軍に課せられた主要任務の一つは、カリブ海で跋《ばっ》扈《こ》する海賊への対処だった。実はこの海軍と海賊の戦いは単なる大昔の物語ではなく、今日も海の彼方《かなた》で繰り広げられている現実の問題なのだが、これは終章で見ていきたい。

2　古代日本と海上軍事

神話、伝承の時代

日本の海軍史を繙く前に、まず日本人と海、船の関わりについて見ていきたい。現在日本列島で船舶の存在を確認できるのは縄文時代以降で、一本の木を刳《く》りぬいて作られた「丸木舟」が全国で出土している。最初の日本人は三万年以上前に北方、朝鮮半島、南方の三ルートから海を渡ってやってきた人々であると考えられており、二〇一九年には人類進化学者の海部陽介《かいふようすけ》氏をリーダーとする国立科学博物館のプロジェクト・チームが、丸木舟による台湾～与那国《よなぐに》島間の実験航海に成功している。

海洋、河川、湖沼の別を問わず、船舶は安価に大量の人員、物資を運ぶことのできる交通手段である。船体が小さく喫水《きっすい》（船舶が水上にある際、船体が水面下へ沈む深さ）も浅かった丸木舟は、枝分かれしていく河川の支流、ちょっとした浅瀬まで乗り付けることのできる便利な乗り物だった。古代の日本人にとって船は我々現代人が感じている以上に重要な交通手段だったことだろう。

ただし、こと軍事の話になるとこうした考古遺物だけで実態を解明するのはなかなか難しい。そこで有史以前の海上軍事については、今日に語り継がれている神話、伝承の類《たぐい》からその姿に迫っていくこととしたい。

天照大神《あまてらすおおみかみ》の五世孫にして初代天皇とされる彦火火出見《ひこほほでみ》（神武《じんむ》天皇）は、『日本書紀』の記すところでは根拠地の日向《ひゅうが》（現在の宮崎県）から水軍を仕立てて出発し、それから六年を経て大和国《やまと》（現在の奈良県）橿原宮《かしはらのみや》で即位したとされている。いわゆる「神武東征」の神話であるが、この軍勢は日向を出発した後もしばしば海路で進軍している。

熊襲《くまそ》征討などの伝説で知られるヤマトタケル（日本武尊）は、熊襲をはじめとする西方の平定を終えると、今度は父景行《けいこう》天皇から東国の征討を命じられる。ヤマトタケルは相模《さがみ》（現在の神奈川県）から上総《かずさ》（現在の千葉県）へ渡る際、荒天のため走水《はしりみず》（現在の神奈川県横須賀《よこすか》市）から船を出せず立ち往生となった。このためヤマトタケルの妻オトタチバナヒメ（弟橘媛）が海に身を投げて海神の怒りを鎮め、ヤマトタケルは海路上総へ軍を進めたというのが、この地に伝わるオトタチバナヒメ伝説である。

神話はあくまで神話であり、これを無条件で事実と捉える態度は厳に慎まなければならないが、古代日本で船舶が軍事に用いられていたと推測する傍証とすることはできよう。ただし、神話の記述を見る限り、その用途は華々しい海戦を伴うものではなく、パワー・プロジェクション（戦力投射）にあったと言える。考古学的手法で船舶が発掘された状態では、用途に戦時・平時の別が判断しにくいのはこうした理由による。

なお、筆者が勤務する防衛大学校は、一九五五年に横須賀市久里浜《くりはま》から移転して以来、現在までこの走水の地に所在し、付近にはヤマトタケルが軍旗を立てたとされる「旗山崎《はたやまざき》」の地名が残り、大学校の側《そば》では走水神社がヤマトタケルとオトタチバナヒメを祀《まつ》っている。走水の地はこの後も本書に登場してくるのでご記憶願いたい。

歴史の時代に入り、記録に表れる最初の大規模な海上軍事行動は、阿倍比羅夫《あべのひらふ》の遠征事業である。『日本書紀』の記述では、比羅夫は斉明《さいめい》天皇四年（六五八）に軍船一八〇艘《そう》を率いて東北、北海道へ遠征し（比羅夫が北海道にまで達したかどうかは説が分かれる）、粛慎《あしはせ》と呼ばれる民族（蝦夷《えみし》、オホーツク人、その他のツングース系民族と諸説ある）を討ったとされている。

最古の海戦——白村江の戦い

日本が経験した最初の大きな海戦が西暦六六三年の白村江《はくそんこう》《はくすきのえ》の戦いである。朝鮮半島西部～南西部に栄えた王国百済《くだら》は六六〇年に唐・新羅《しらぎ》連合軍に滅ぼされるが、その後も鬼室福信《きしつふくしん》ら百済の遺臣が抵抗を続ける。鬼室福神は日本に対して百済再興への支援と日本滞在中の王子豊璋《ほうしょう》の帰国を要請する。斉明天皇とその息子で朝廷を主導する中大兄皇子《なかのおおえのおうじ》（のちの天智《てんじ》天皇）は大規模な援軍の派遣を決定し、三度に分けて四万二〇〇〇人余の兵力を編成して朝鮮半島に送り込んだ。蝦夷遠征に活躍した阿倍比羅夫も遠征軍に加わっていたようである。

遠征軍は二年あまりの陸戦を経て白村江（現在の錦江《クムガン》河口付近）で唐・新羅連合軍との決戦に臨んだ。兵力四万二〇〇〇人、船舶四〇〇～一〇〇〇隻の日本・旧百済連合軍は唐・新羅連合軍一八万人、船舶一七〇隻あまりと激突するが、待ち構える連合軍に包囲され、完膚《かんぷ》なきまでに叩《たた》きのめされた。この戦いで日本・旧百済軍は一万の兵と四〇〇隻の船舶を失ったとされている。このときに日本船団が担った主たる役割は、神話の時代と同じく四万二〇〇〇の遠征軍を朝鮮半島へ送り届けるパワー・プロジェクションの任務だった。海戦の経験をほとんど持たない日本船団は、「我等《われら》先を争わば、彼自ずから退くべし」（『日本書紀』）という、戦術と呼ぶこともできない形で唐・新羅連合軍に突入し、たちまち包囲されて壊滅したのであろう。

斉明天皇はこの海戦に先立ち筑紫《ちくし》朝倉宮《あさくらのみや》（現在の福岡県朝倉市にあったと推定）で死去し

ており、七年近い称制（君主の死後、后や次期君主が即位しないまま政務を執ること）を経て即位した天智天皇は、その死まで敗戦処理と統治体制の立て直しに追われる。この敗戦が日本に与えたショックは大きく、以後九〇〇年あまり日本は大規模な外征を行わなかった。なお、斉明天皇死去から天智天皇即位までの期間の解釈は称制以外にも諸説あるが、本書の主旨から外れる話なのでここでは深入りしない。

さて、ここで筆者は「編成」という言葉を使った。ここでしばしば混同される軍事用語「編成」と「編制」について確認しておこう。編制とは法令や訓令などに定められた部隊等、または固有の組織、定員・定数を指す。編成とはある目的のため編制の規定により部隊を組織することを指し、部隊の組織そのものを意味する場合もある。自衛隊では混同を避けるため編成を「へんなり」、編制を「へんだて」と呼ぶことがある。「へんなり」は言うまでもなく編成の重箱読みであるが、「へんだて」は制の部首「りっとう＝立刀」の立からきている。このように軍事用語には音として耳に入ったときに錯誤を避けるための独特な言い回しが多い。

3　海賊から水軍へ

海賊の誕生――倭寇の跳梁

日本で海賊と呼ばれる集団が活躍するようになってきたのは一〇世紀末頃、平安時代のことである。彼らは海運業、海運業者の護衛、海上に設けた関所（海上関）の運営と、あらゆる側面で日本の海事に関与する海上集団だった。特に九州、中国、四国地方と近畿地方をつなぐ瀬戸内海は、海賊の重要な活躍の舞台となった。

初期の海賊として知られるのが承平《じょうへい》・天慶《てんぎょう》の乱（九三五〜九四一）で朝廷に反旗を翻《ひるがえ》した藤原純友《ふじわらのすみとも》である。藤原北家の出身で関白藤原基経《もとつね》を大叔父《おじ》に持つ純友は、伊予掾《いよのじょう》（掾は国司の三等官。伊予は現在の愛媛県）に任じられて現地へ赴任し、海賊を取り締まるうちに自ら海賊の頭目となった。以後、瀬戸内海一円から大宰府《だざいふ》までを荒らし回り、朝廷から派遣された追捕使《ついぶし》小野好古《おののよしふる》、源経基《みなもとのつねもと》らと戦った純友は天慶四年（九四一）に博多湾での決戦に敗れて滅びるが、それは海賊自体の終焉《しゅうえん》を意味しなかった。その後も海賊たちは「海賊衆」「警固衆《けごしゅう》」などと呼ばれて日本の海上を支配しつづけ、一二世紀末の治承《じしょう》・寿永《じゅえい》の乱（一一八〇〜一一八五）、いわゆる源平合戦では海賊衆の向背が勝敗を決している。

中世の海賊で忘れてならないのが倭寇《わこう》である。彼らの本拠は九州の壱岐《いき》、対馬《つしま》、五島（現在の長崎県）などで、農耕に適さない島の地理は島民たちを海へ駆り立て、この島々に数多くある入り江は当時の船には絶好の隠れ家となったのである。彼らは一般的なイメージとやや異なり、朝鮮半島や中国大陸沿岸まで航海して現地で交易するのが生業《なりわい》だったが、交渉が決裂すれば略奪行為も辞さなかった。何よりも海禁政策を採る明にとり、沿岸部で勝手気ままに交易する倭寇の存在は到底許容できるものではなく、明はしばしば日本に取り締まりを求めている。倭寇対策として生まれた勘合《かんごう》貿易は読者諸賢もよくご存じだろう。なお、倭寇は前期と後期に分けられ、前期倭寇は日本人、後期倭寇は明人や高麗人が主体であったとされている。

海賊から水軍へ

応仁《おうにん》の乱（一四六七〜一四七七）を契機に戦乱の世が訪れると、戦国大名たちは海賊の取り込みに腐心するようになる。その一例が周防《すおう》（現在の山口県東部）の陶晴賢《すえはるかた》と安芸《あき》（現在の広島県西部）の毛利元就《もうりもとなり》が争った天文《てんぶん》二十四年（一五五五）の厳島《いつくしま》の戦いである。毛利元就は瀬戸内海を代表する海賊村上氏参戦の確約をなかなか取れず、焦慮《しょうりょ》を募らせながらも最終的に村上氏を味方に付けて勝利した。このように海賊の動向は時として戦国大名の興亡を決した。また、元来海賊は強い独立性を持つ海上集団だったが、時代の流れとともに次第に大名権力へ取り込まれていく。こうした戦国時代後期の海賊の姿をよく「水軍」と称するが、小川雄《ゆう》氏の研究によると、水軍は後世用いられるようになった概念用語かつ学術用語であり、戦国時代に実際に用いられていたわけではない。

日本の海賊は経済の発展度の関係でまず西日本で伸長したが、東日本の戦国大名も次第に海上軍事力強化を目指すようになる。彼らは傘下《さんか》にある沿岸部国人を水軍化するとともに、海賊先進地域の伊勢《いせ》地方（現在の三重県）から海賊衆を招聘《しょうへい》して水軍の育成を図った。

戦国大名と水軍の関係は、大名権力の浸透度合によって異なり、同盟関係と言ってよいものから完全に従属したもの、あるいは大名の直臣《じきしん》に水軍を率いさせたものまで多様だった。前者の代表例が瀬戸内海の村上氏、後者の代表例が豊臣秀吉子飼いの家臣から水軍の将となった加藤嘉明《よしあき》、脇坂安治《わきざかやすはる》らである。特に豊臣秀吉の天下統一事業は水軍の全国的再編を促した。天正《てんしょう》十六年（一五八八）の海賊停止《ちょうじ》令で水軍は海賊衆以来の経済活動を大きく制限され、大名権力に隷属《れいぞく》した海上軍事力としての性格を強めていき、その呼び名は瀬戸内などで用いられていた呼称の一つ「船手《ふなて》」が一般化していく。また、志摩《しま》（現在の三重県鳥羽《とば》市・志摩市）の九鬼《くき》氏や伊予の来島《くるしま》氏（村上氏の一族）のように、水軍から大名化する者も出てきた。

豊臣政権がもたらした海上軍事史上の変化はこれだけではない。この時期に日本は白村江の戦い以来となる大規模な外征を経験する。天正二十年〜文禄《ぶんろく》二年（一五九二〜一五九三）と慶長《けいちょう》二〜三年（一五九七〜一五九八）に日本が李氏朝鮮へ侵攻した文禄・慶長の役（朝鮮での呼称は壬辰《じんしん》倭乱・丁酉《ていゆう》倭乱。近年、韓国では壬辰戦争という呼称も提唱されている）では、全国の大名に船舶の動員が命じられた。その主眼は兵力の輸送（戦力投射）だったが、李舜臣《イスンシン》率いる朝鮮水軍により海上輸送が大きな被害を受けると日本水軍も海上戦闘に乗り出さざるを得なくなる。大まかに言うと文禄の役では朝鮮水軍が優勢、慶長の役では日本水軍が優勢だったが、慶長二年（一五九七）の鳴梁《めいりょう》海戦では来島氏の当主通総《みちふさ》が戦死している。なお、戦国期の水軍の詳細については山内譲《やまうちゆずる》氏、小川雄氏の研究を参照されたい。

慶長三年に豊臣秀吉が病没すると日本軍は戦場を引き払って次々に帰国するが、この戦役は何ら得るところなく豊臣政権の体力を損ない、豊臣氏滅亡の遠因となった。

4　江戸時代の海上軍事

幕府船手の成立

慶長五年（一六〇〇）の関ヶ原《せきがはら》の戦いに勝利し、天下人となったのが徳川家康である。ここで本書の主役幕府海軍の誕生にも密接に関わる徳川水軍について見ておこう。三河《みかわ》国加茂《かも》郡松平《まつだいら》郷（現在の愛知県豊田《とよた》市松平町）の小豪族松平氏から三河の戦国大名へ発展していった徳川氏は、有力大名への成長過程で海上軍事力確保にも取り組んだ。当初は三河沿岸部に所領を持つ形原《かたのはら》松平氏、幡豆《はず》小笠原氏が徳川水軍を構成し、次いで小浜《おはま》氏、向井氏、間宮氏、千賀《せんが》氏など、今川氏、武田氏、北条《ほうじょう》氏の水軍を担った氏族を取り込んでいった。

天正十二年（一五八四）に徳川家康・織田信雄《のぶかつ》の連合軍が羽柴《はしば》秀吉と争った小牧《こまき》・長久手《ながくて》の戦いでは、羽柴軍が織田信雄から奪取した尾張《おわり》国蟹江《かにえ》城（現在の愛知県海部《あま》郡蟹江町）を徳川水軍が激しく攻め、徳川方の間宮信高《のぶたか》が討死している。なお、関ヶ原の戦いでも徳川水軍は伊勢へ出陣するが、このときは荒天のため遠江《とおとうみ》懸塚《かけづか》（現在の静岡県磐田《いわた》市）での避泊を余儀なくされ戦いには間に合わなかった。徳川氏の船手は江戸幕府が成立すると幕府職制の例に倣《なら》い「御船手《おふなて》」と呼ばれるようになる。

幕府船手にとって事実上最後の実戦となったのは、徳川氏が豊臣氏を滅ぼした大坂の陣（一六一四〜一六一五）である。鈴木かほる氏の研究によると向井、小浜、千賀ら幕府船手諸将は軍船を率いて出陣し、九鬼守隆《もりたか》、池田利隆《としたか》、蜂須賀至鎮《はちすかよししげ》ら水軍力を持つ諸大名とともに大坂湾に布陣した。戦いの前半戦となる冬の陣における木津川口《きづがわぐち》の戦い、野田《のだ》・福島《ふくしま》の戦いで幕府船手は豊臣方の軍船を破り、向井忠勝《ただかつ》は伝法口《でんぽうぐち》で豊臣秀頼《ひでより》の御召船「大坂丸」を捕獲している。翌年の夏の陣で幕府船手は大坂湾を封鎖して大坂城への物資搬入を阻《はば》み、大坂城が落城すると海上で落人《おちうど》狩りにあたった。この間、大坂方の大野治胤《はるたね》（道犬斎《どうけんさい》）が堺《さかい》を焼き討ちした際には急行した向井忠勝が被弾、負傷しながらも大野勢を撃退している。

このように、陸上での戦いでは真田信繁《さなだのぶしげ》、長宗我部盛親《ちょうそかべもりちか》ら豊臣方の諸将が劣勢のなか、しばしば徳川方を突き崩した大坂の陣であるが、海戦では常に徳川方が豊臣方を圧倒している。豊臣政権の水軍力を担った九鬼守隆、加藤嘉明、脇坂安治らがいずれも徳川氏に臣従した今となっては、徳川氏に対抗できる水軍力は豊臣氏に残されていなかったのである。

水上警察化する船手

大坂の陣で豊臣氏が滅びると戦乱の世は完全に終わり（元和偃武《げんなえんぶ》）、日本には二〇〇年以上にわたる平和の時代が訪れる。海上軍事の世界でも天下泰平へ向けた動きが始まる。大坂の陣に先立つ慶長十四年（一六〇九）、幕府は海上軍事力・輸送力の制限を目的に、西国大名へ五〇〇石以上の大船を没収すると通達した。その後、武家諸法度《ぶけしょはっと》の寛永《かんえい》十二年令（一六三五）で五〇〇石以上の大船建造禁止が明記され、諸大名の海上軍事力は大きく制限される。

大名化した海賊衆たちも特異な地位を保ちつづけることはできなかった。瀬戸内海の雄、村上氏の一族で文禄・慶長の役でも水軍を率いて戦った伊予の来島氏は、関ヶ原の戦いで西軍に属したため先祖代々の所領を没収されて海のない豊後国森《ぶんごもり》（現在の大分県玖珠《くす》郡玖珠町《まち》）へ改めて封じられた。志摩の九鬼氏は守隆の死後に起きた家督争いによりやはり内陸の摂津《せっつ》国三田《さんだ》（現在の兵庫県三田市）と丹波《たんば》国綾部《あやべ》（現在の京都府綾部市）に分封され、いずれも海賊大名の歴史に幕を下ろす。

一方、日本の支配者となった幕府の船手も時代の変化に応じて役割を変えていく。初期の船手を構成した各氏のうち、形原松平氏は元和四年（一六一八）に加増されて三河国形原（現在の愛知県蒲郡《がまごおり》市形原町《かたはらちょう》）に居城を構える大名となり、幕府水軍としての役割を終えた。千賀氏は尾張藩主となった徳川家康の九男義直《よしなお》の船奉行となり、幕府から離れる。元和五年に新設された大坂船手に任じられた小浜氏、江戸の船手に残った幡豆小笠原氏と間宮氏は、代を重ねるうちに船手頭《ふなてがしら》の任から離れていった。三代将軍徳川家光《いえみつ》の時代になると船手頭に水軍の由緒を持たない家筋の旗本が就くようになり、やがて海賊衆に由来する船手頭は、船手頭筆頭を世襲する向井氏のみとなった。船手頭の地位は海上で軍船を駆る水軍大将から、番方（江戸幕府の軍事系役職）の中堅ポストへと変容し、幕臣の一般的なキャリア・パスに組み込まれていったのである。

これと同時に海上戦闘の起きない平和の時代が続くにつれ、船手は海上軍事力から水上警察へと変容していく。寛保《かんぽう》二年（一七四二）に関東全域に甚大な被害をもたらした寛保の大水害では、町奉行所の番船が隅田《すみだ》川の水流に負けて用をなさず、船手から六〇艘が出動して罹災《りさい》者の救助にあたっている。ただし、町奉行からの報告書では船手からの応援船も「その製よからず」とされ、船手と彼らが運用する軍船の能力が低下していたことが窺《うかが》われる。

表0－1　日本における海軍力の変遷

	活動時期	所有者	装備
海賊	古代〜戦国時代	海賊自身	和船
水軍	戦国時代〜幕末	戦国大名*→幕藩制国家	和船
近代海軍	幕末〜現代	幕藩制国家→近代国家	洋船

註*：大名化した海賊衆を含む

享保《きょうほう》元年（一七一六）に紀州《きしゅう》藩主から八代将軍に就任した徳川吉宗《よしむね》は、船手の能力、特に軍船の性能に不満を抱き、紀伊《きい》で捕鯨用に用いられていた小型舟艇（鯨船《くじらぶね》）を導入している。なお、鯨船については田原昇《たはらのぼる》氏の研究に詳しい。

このように、幕府の船手は泰平の世が続くなかで戦闘能力を低下させていき、諸藩の船手もこの状況に大きな違いはなかった。しかし、産業革命以降の国際情勢の変化は世界規模で進み、日本の海上軍事力が停滞しつづけることを許さなかった。

ここで本書の主題へ入る前にそもそも近代海軍とは何かを確認しておきたい。イギリスの海軍史家マイケル・ルイスは近代海軍を、海軍力のなかでも永続的（permanent）、国有（national）、海洋（maritime）、戦闘力（fighting）、軍（force）の五要素を具備したものと定義した。日本では青木栄一《えいいち》氏の「恒久的組織で、国家の所有に属し、かつ国家の支出によって維持される、海上を活動舞台とする戦闘力」（『シーパワーの世界史①』）という包括的な訳が広く用いられている（なお、本書では「戦闘力」を「軍事力」に置き換えて用いる）。例えばイギリスでは、王や貴族が必要の都度、私財を投じて海賊や武装商船を雇う臨時編成の海軍から国家予算で維持される常備海軍への転換が、一七世紀半ばまでに行われたとされており、これをもって近代海軍の誕生としている。

日本の海軍力は戦国時代から江戸時代にかけて海賊自身の私的戦力から将軍、大名の軍事力の一部へ変容しており、幕藩制国家にあって近代海軍の条件を具備していたと考えられないこともない。とは言いながら、蒸気軍艦全盛の時代にあって、実効的な戦闘力を持たない船手を近代海軍と称するのはやはり無理があるだろう。幕府自身も船手を頼りになる海軍力とは見なしていなかった。以上の変遷をまとめると表0・1のようになる。

では幕府はどのようにして近代海軍という未知の軍事力を作り上げていったのか、これから詳しく見ていくことにしよう。

第一章　幕府海軍の誕生

——一九世紀初頭〜一八五九年

1　一九世紀世界と幕末日本

西洋の衝撃

「西洋の衝撃《ウェスタン・インパクト》」は幕末日本を語る上でしばしば用いられる言葉である。これは二〇世紀後半にアメリカを中心に盛んに唱えられた歴史学上の学説で、一九世紀半ば以降に西洋諸国の圧倒的な政治力、経済力、軍事力が東アジア諸国の近代化を促したとする考え方である。のちに東アジア諸国の内発的発展を過度に軽視していると批判されたが、こと日本の海上軍事力の近代化に関しては、西洋の衝撃を直接の契機と捉えるのは妥当な見方であると言える。

海防論の隆盛

日本への「西洋の衝撃」は海からやってきた。一八世紀末以降、外国船が日本近海へ出現する頻度が次第に高くなっていき、なかでも文化《ぶんか》五年（一八〇八）のフェートン号事件は幕府に大きな衝撃を与えた。これはイギリス軍艦「フェートン」が、イギリスと敵対するフランス帝国（第一帝政）の事実上の支配下にあったオランダの船を求めて長崎へ侵入し、人質を取って薪水食料の提供を受けたのち退去した事件である。ナポレオン戦争期の国際情勢に日本も巻き込まれたのである。長崎警備にあたっていた佐賀藩は「フェートン」の前に無力だった。長崎奉行の松平図書頭《ずしょのかみ》康英は責めを負って自刃《じじん》し、佐賀藩の長崎警備責任者もこれに続いた。その前年にもロシアのレザノフが、日本に通商要求を拒絶された報復として部下に樺太《からふと》、択捉《えとろふ》島を襲撃させており（文化露寇）、外国船が日本に来航する時代が来たこと、これに対する軍事力が著しく不足していることが明らかになった。

幕府は寛政《かんせい》十一年（一七九九）年に東蝦夷《ひがしえぞ》地を、文化四年（一八〇七）に西蝦夷地を直轄化して東北諸藩へ警備を命じ、文化七年には会津《あいづ》藩、白河《しらかわ》藩へ江戸内海《ないかい》（現在の東京湾）に面する沿岸部の警備を命じた。筆者が勤務する防衛大学校に隣接する神奈川県横須賀市の鴨《かも》居《い》地区には、この地を警備中に病没した会津藩士たちの墓が今も残っている。

対外的緊張に反応したのは幕府だけではない。『海国兵談』を著した林子平《はやししへい》に代表されるような、沿岸を防備する重要性を説く知識人が相次いで朝野に現れた。彼らの主張に共通するのは海岸防備の重要性であり、これらを総称して「海防論」と呼んでいる。

海防論から海軍論へ

海防論の意味するところは「海岸防禦《ぼうぎょ》」であり、その主眼は文字どおり外敵から海岸線の守りを固め、海から侵入する外敵を防ぐことにあった。海岸線の防備という概念が実際に施策化されたのが、「台場」と呼ばれる海岸砲台である。海に面した所領を持たない会津藩、白河藩を江戸内海の警備に宛《あ》てたことからも、海防の主体が海軍力ではなく台場であったことがよくわかる。台場は全国各地で築造されたが、今日最も有名なのは江戸内海防衛のために築かれた品川御台場《しながわおだいば》であろう。品川御台場は伊豆韮山《いずにらやま》代官江川太郎左衛門《たろうざえもん》（英龍《ひでたつ》。江川氏当主は代々太郎左衛門を称し、最も著名な英龍は、三六代目の太郎左衛門である）の指導の下、一一基が計画され五基が完成した。現在でも東京都港区台場の地名にその名残《なごり》があるが、何よりも東京臨海副都心の異称としてのほうが馴染み深いだろう。

海防論は洋式砲術、和流砲術をはじめ、江戸時代を通じて発展した兵学、経世済民を論じる儒学と、さまざまな立場から唱えられたが、実際に外国船の来航が頻発するようになると、長大な海岸線を持つ日本を台場で守ることの限界、軍艦の機動性が認識されるようになっていく。

嘉永二年（一八四九）に浦賀《うらが》奉行の戸田伊豆守氏栄《うじよし》と浅野中務少輔《なかつかさのしょう》長祚《ながよし》が連名で洋式軍

艦の建造を老中へ上申した際の文言「台場の銃器は死物」「軍艦の砲器は活物」は、この考え方を端的に表している。筆者はこうした洋式軍艦導入によって軍事力の強化を図ろうとする主張を、海防論のなかでも特に「海軍論」と呼んでいる。

試行錯誤の洋式軍艦導入

洋式軍艦導入の試みは当初、国産艦の建造という形で行われた。嘉永二年に浦賀奉行所が警備船として建造した「蒼隼丸《そうしゅん》」、その改良型「晨風丸《しんぷう》」、嘉永三年に焼失した「蒼隼丸」の代船として建造された「鳳凰丸《ほうおう》」である（いずれも帆船）。ただし、安達裕之《ひろゆき》氏の研究によれば「蒼隼丸」「晨風丸」は洋船の外観となることに幕府内で異論が出たため、マストの本数を当初設計の三本から二本に減じ、帆装も和船の様式を採用している。ほぼ洋式帆船の外観をしている「鳳凰丸」でも、肋材《ろくざい》（船底と両舷《りょうげん》を形づくる湾曲した肋骨《ろっこつ》状の骨組み材）を減らして外板をつなぎ合わせるなど、和船の技術が数多く用いられており、安達氏の見解どおり和洋折衷《せっちゅう》型帆船と呼ぶのが適当だろう。

次節で見るように、嘉永六年にペリーが浦賀に来航したことを受けて武家諸法度寛永十二年令（一六三五）以来の大船建造の禁が解かれると、軍事力強化のための洋式軍艦建造の動きは加速化する。来日中に津波で乗艦「ディアナ」を失ったロシアのエフィーミー・プチャーチン中将《ちゅうじょう》のため、幕府が建造した「ヘダ」を量産化した「君沢形《きみさわがた》」、薩摩藩の「昇平丸」（幕府へ献上後「昌平丸」と改名）、水戸《みと》藩の「旭日丸」などが相次いで建造されるが、いずれも小型帆船の域を出なかった。産業革命後の造船技術を獲得していない日本に、蒸気軍艦の建造など夢のまた夢だったのである。

2　ペリー・ショックへの対応

ペリー来航

嘉永六年六月三日（一八五三年七月八日）、アメリカ合衆国東インド艦隊司令官マシュー・カルブレイス・ペリー率いる四隻の艦隊が浦賀沖に現れた。この四隻の内訳は旗艦「サスケハナ」（三八二四トン、外輪〔後述〕）、「ミシシッピ」（三二二〇トン、外輪）、「プリマス」（九八九トン、帆船）、「サラトガ」（八八二トン、帆船）の蒸気軍艦二隻、帆走軍艦二隻という構成であった。これらの船は「黒船」の異称で知られ、しばしば鉄製と誤解されるが、いずれも防水のためピッチ（黒色で弾力のある樹脂）を塗られた木造船であり、その点で以前から日本に来航していた外国艦船と変わらない。ペリーは日本を開国させる任務を帯びており、ミラード・フィルモア大統領の親書を携えての来航だった。

なお、ペリーはよく「提督」と呼称されるがこの点は少し説明を要する。提督とは将官（Admiral）の階級を有する海軍軍人を指す。Admiralは古くはFlag Officerと呼ばれ、自らの指揮官旗を掲げて艦隊を指揮する高級士官だった。やがてその地位は大将、中将、少将（Admiral, Vice Admiral, Rear Admiral）と細分化されて今日に至っている。一方、ペリーは当時、大佐（Captain）の階級にあり、艦隊司令官の任期中に限り代将（Commodore）の称号を得ていた。そもそも当時のアメリカ海軍には将官の階級自体、存在していない。彼のことは単に「ペリー」とするか、「ペリー司令官」ないし「ペリー代将」とするのがより正確な呼び方になる。なお、代将と類似した階級に「准将《じゅんしょう》（Brigadier）」というものがある。これは陸軍で生まれた最下級の将官ないし最上級の佐官であり（現代では空軍でも使用する）、代将とは似て非なるものである。准将を海軍士官の階級呼称に用いる国はあまりないので、これまた注意を要する。

「浦賀沖に外国船」の報を受け、浦賀奉行の戸田氏栄は与力中島三郎助《なかじまさぶろうすけ》を「サスケハナ」へ派遣、中島は浦賀副奉行と称して来意を質《ただ》し、ペリーの来航目的が将軍に大統領親書を渡すことにあると把握した。翌日には与力香山栄左衛門《かやまえいざえもん》が浦賀奉行と称して「サスケハナ」に乗艦し、アメリカ艦隊の応接にあたった。この間、ペリーは最高位の役人に親書を手渡しすることを主張しつつ、各艦から短艇（大型の手漕ぎボート。カッター）を下ろして浦賀港内を測量させた。この短艇隊はさらに「ミシシッピ」の護衛の下で江戸内海に侵入した。当時、江戸内海の防備は三浦半島側の観音崎《かんのんざき》、房総半島側の富津《ふっつ》を結ぶラインを「打ち沈め線」とし、そこから先への外国船侵入を許さない態勢であったが、このときはアメリカ艦隊との武力衝突を避ける方針が徹底された。なお、この観音崎はヤマトタケル伝説で登場した走水に隣接しており、旗山崎にも台場が設けられていたが、一弾も発することなくアメリカ短艇隊の通過を見守るよりほかなかった。

幕府船手は「見届」のため出動し、異国船が退去ないし内海へ乗り入れる様子を見せたときにはただちに注進するよう命じられる。沿岸部の警備にあたった諸藩も含め、軍船への指示は全て「物見（偵察）」「注進（通報）」であり、戦闘の指示は一切出ていない。日本の海上軍事力がアメリカ艦隊に抗し得ないことを幕府自身がよく理解していたのである。

老中首座阿部伊勢守正弘《まさひろ》は国書受取りを決断、六月七日に浦賀に隣接する久里浜で本物の浦賀奉行戸田と井戸石見守弘道《いわみのかみひろみち》がペリーと会見し、フィルモア大統領からの国書を受領した。会見が終了するとペリーは、開国を促す国書の回答を得るために一年後に再来航すると告げ、いったん浦賀から江戸内海へ北上したのち退去した。

明けて嘉永七年一月十六日（一八五四年二月十三日）、ペリーは再び浦賀に現れた。このときの艦隊は前年浦賀に来航した「サスケハナ」「ミシシッピ」「サラトガ」に「ポーハタン」

（三八六五トン、外輪）、「マセドニアン」（一三四一トン、帆船）、「ヴァンダリア」（七七〇トン、帆船）、さらに補給艦（他の艦船に燃料、食料、弾薬などを補給するための艦）「サザンプトン」（五六七トン、帆船）、「レキシントン」（六九一トン、帆船）に「サプライ」（五四七トン、帆船）が加わり、蒸気軍艦三隻、帆走軍艦三隻、帆走補給艦三隻の計九隻となった。予定より半年早い再来航に幕府は困惑したものの前回同様要求を拒絶できず、三月三日に横浜村（現在の横浜市関内《かんない》エリア）で日米和親条約が締結された。いわゆる開国である。

アメリカ艦隊を拒絶できるだけの軍事力を欠く状況で彼らの要望を受け入れざるを得なかった幕府は、これを契機に近代海軍の建設に踏み切る。

幕臣勝麟太郎の海防建白書

ペリー来航は日本の朝野に大きな衝撃を与え、また幕府が広く意見書を募ったことから、数多くの海防意見書が著された。そのなかから注目すべきものを二つほど見ていきたい。一つ目が当時、小普請組《こぶしんぐみ》（無役）の旗本だった勝麟太郎義邦《りんたろうよしくに》（号は海舟）の著した建白書である。

文政《ぶんせい》六年（一八二三）に下級旗本（四一石）の家に生まれた勝は、松浦玲《れい》氏の研究によると二十歳で蘭学修行を始めたと考えられており、ペリー来航時には赤坂田町《あかさかたまち》で蘭学塾を開い

勝海舟　写真は竹川竹斎（後述）への書状に添えられたもの
所蔵：射和文庫

ていた。蘭学者勝の専門分野は砲術であり、私塾経営のかたわら諸藩から大砲や小銃の設計、鋳造を請け負っていた。

勝家は江戸幕府成立以前からの徳川家臣であるが、元は代々の鉄砲玉薬《たまぐすり》同心である。四代前の当主命雅《のぶまさ》が鉄砲玉薬同心から広敷番頭《ひろしきばんがしら》にまで出世し、御家人から旗本へ家格を上げたものの、その後は当主の早世が続いて家運が停滞していた。勝の父である左衛門太郎惟寅《これとら》は、小吉《こきち》の幼名で有名な剣術家であるが、放蕩《ほうとう》無頼のため終生役職に就けず、勝自身も小普請組の悲哀《ひあい》を味わっていた。

嘉永六年（一八五三）六月の「愚衷《ぐちゅう》申上《もうしあげ》候《そうろう》書付《かきつけ》」と題されたこの建白書では、アメリカ艦隊を観音崎〜富津間の打ち沈め線で止められなかったのは、軍制が古く実用性を失っていたためであるとして伝統的な和流砲術を強く批判し、喫緊の課題として軍制改革、人材登用、訓練の三つを挙げる。次いで勝は江戸内海の防衛策を論じ、外国軍艦への備えは従来の防備態勢では限界があり、軍艦の導入が必要であるとする。ただし、軍艦を導入しても熟練に時間を要するため、当面は大森《おおもり》、羽田《はねだ》、品川、佃島《つくだじま》にはそれぞれ七〇門、深川《ふかがわ》、芝《しば》には一〇門ないし二〇門の砲を備えた台場を築き、相互が連係して侵入する敵艦に十字砲火を浴びせるのがよいと提言する。

勝の建白書は、海岸砲台に対する軍艦の機動性の優越という全般的な考え方と、洋式砲術家としての知見を織り交ぜたものと位置づけられる。勝はこのとき三十一歳。十六歳で家督を相続してから一度も役職に就かないまま壮年期を迎えていた。ペリー来航という国家の一大事にあたり、砲術という専門分野を生かして衰えた家勢を回復させようとする意気込みは、並々ならぬものがあっただろう。

同年七月、勝は再び五つの提言で構成された建白書を提出する。

第一、有為《ゆうい》の人材に将軍の御前で政治・海防問題を議論させ、大いに登用する。
第二、海軍を建設するための方法。
第三、江戸防衛のため、台場を築き、砲術の稽古《けいこ》を盛んにする。
第四、砲術を洋式に改め、江戸近郊に和漢蘭の兵書を集めた学校を置く。
第五、砲術の近代化により予想される硝石《しょうせき》不足に備え、江戸近郊に作硝場を設ける。

建白書の眼目となるのが海軍を建設するための方法である。海軍建設に要する費用は莫大《ばくだい》であり、国内で賄おうとすれば「万民之課役厳酷《げんこく》」となり民衆の蜂起《ほうき》を招きかねない。そこで勝が提案するのが、外国との交易利潤で海軍を建設する方法である。まず堅牢な洋式軍艦を建造して清国、ロシア、朝鮮へ派遣し、交易利潤で新たな軍艦を建造して順次船列に加える。これを繰り返して平時は商船隊、有事は艦隊となる海軍を建設する構想であった。

この建白書は岩瀬修理《しゅり》忠震《ただなり》、大久保右近将監《うこんしょうげん》忠寛《ただひろ》（のち一翁《いちおう》）ら海防掛《かいぼうがかり》目付の目に留まったようで、この頃から彼らとの書簡の往復が確認できる。その結果なのか安政二年（一八五五）一月十八日に勝は異国応接掛手附蘭書翻訳御用を命じられ、父の代からの悲願だった幕吏に登用された。以後、勝は日本の海軍建設を担う一人となるが、これは次章で見ていこう。

伊勢商人竹川竹斎の『護国論』

二つ目が伊勢国松坂《まつさか》に近い射和《いざわ》村（現在の三重県松阪市射和町）の豪商竹川竹斎《たけがわちくさい》（彦三郎《ひこさぶろう》、政胖《まさやす》）が著した『護国論』である。竹川家は江戸、京、大坂に支店を置いて両替商を中心に呉服、雑穀などを商い、鳥羽藩の金銀御用を務めたほか、享保十一年（一七二六）には幕府為替御用となり、当時は竹川家の縁戚でもある伊勢出身の豪商三井家と並び称される存在だった。本家を補佐する分家東竹川家の当主だった竹川は生来学問を好み、家業のかたわら私

竹川竹斎（左）と竹口喜左衛門の兄弟
所蔵：射和文庫（竹川）、竹口作兵衛氏（竹口）

財を投じて和漢の書物を集め、私設図書館を作って村人に開放していた（射和文庫）。江戸時代後期知識人の一典型である。

この竹川竹斎、実弟で同じく伊勢の豪商竹口《たけぐち》家を継いでいた喜左衛門《きざえもん》（信義《のぶよし》）とともに無名だった頃の勝麟太郎を熱心に支援したことで知られる。最初に勝と出会ったのは弟の喜左衛門の方らしい。勝は経済的援助を受ける代わりに竹口のもとへ翻訳書などの書籍を持参している。なお、竹口家の現当主一七代作兵衛氏の御教示によると、竹口家当主は米穀商・両替商の伊勢屋喜左衛門、味噌屋の乳熊《ちくま》屋作兵衛《やさくべえ》と二つの顔を持っていたという。「忠臣蔵《ちゅうしんぐら》」で有名な赤穂《あこう》浪士が討ち入りを終えて吉良《きら》邸から引き上げる途上、彼らを招き入れて甘酒粥を振る舞ったとされる乳熊屋作兵衛は竹口の先祖ということになるが、これは本題から外れるので深入りしないでおこう。

父の代の放蕩もあって貧困を極め、薪にも事欠いて縁側をはがし柱を割って竈《かまど》にくべ、それで煮炊きをするような暮らしをしていた勝にとり、竹川・竹口兄弟の援助は蘭学修行を続ける上で大きな支えとなったことだろう。彼らの交流はその後も続き、勝が後に「咸臨丸」でアメリカへ派遣された際には竹川から贈られた太刀と竹口から贈られた脇差を帯びて渡航している。サンフランシスコで撮影された写真（三二頁）に写っているのがそれである。勝の支援者は竹川・竹口兄弟の他にもいたとはいえ、この二人がいなければ勝が世に出ることはなかったかもしれない。

ただし、竹川と幕末の海軍の関係で重要なのはこれだけではない。竹川自身が実に興味深い海軍建設構想の持ち主だったのである。この頃すでに家督を息子に譲って隠居していた竹川はペリー来航の報に接すると急ぎ『護国論』を書き上げた。全三四章から成る同書では、金銀の流出につながる海外交易に反対し、外国からの通商要求を拒むための海防の充実、特に洋式軍艦の必要性を説いている。

『護国論』では外輪船とスクリュー船の違い、カロネード砲（短砲身の艦載砲）やボムカノン砲（榴弾《りゅうだん》を発射できるカノン砲でペキサンス砲とも。カノン砲は直接目標を狙う平射《へいしゃ》を行う大砲で、榴弾は通常臼砲《きゅうほう》などの曲射砲《きょくしゃ》から高仰角で発射し、放物線を描いて敵を攻撃する）など、竹川がこれまで蓄えてきた西洋の軍事知識が詳細に述べられているが、その最大の特徴は海軍建設の方法にある。竹川は廻送《かいそう》船の年間海難件数を五〇〇〜七〇〇隻、損失額を三〇万両と見積もり、堅牢な洋式軍艦を用いることでこれを防げるとする。竹川が装備、人員、陸上貯蔵庫一式で見積もる初期費用は五三万両あまり、全国から出資を募り軍艦を建造し、軍艦が担う海運業で得られる利益で維持経費を賄いつつ出資金を一〇年で償還するとしている。

竹川が構想する海軍の規模は「フレガット船」（フリゲート）三〇隻から成り、江戸、大坂、浦賀、鳥羽・石巻《いしのまき》、下関《しものせき》、長崎、新潟・松前《まつまえ》の六ヶ所に五隻ずつ配備される。江戸が攻撃されたときには江戸・浦賀の一〇隻で防ぎつつ「蒸気急脚船」（通報艦）三隻で全国に急を知らせ、軍艦を集結させる構想だった。

なお、現代でも耳にするフリゲートの定義は時代により異なるが、一八一〇年にイギリス海軍が定めた軍艦等級では排水量七〇〇〜九〇〇トン、砲三二門以上、乗員二一五〜三二〇名とされている。

『護国論』は江戸の勝へ送られ、勝の門人で幕府徒頭《かちがしら》の大久保喜右衛門《きえもん》（忠薫《ただしげ》。のち浦賀奉行、京都町奉行）を介して幕閣へ提出された。勝が竹口喜左衛門へ送った手紙のなかで「廟《びょう》堂《どう》其《その》他、海防方にても大《おお》に驚歎《きょうたん》いたし候趣《そうろうおもむき》」（嘉永六年十二月二十五日付）と伝えているとおり、幕府内の評価は高かったようである。これを機に竹川は大久保忠寛らの知遇を得る。竹川はその後も『護国論』での海軍建設構想を維持しつつ海外交易論に転じた『護国後論』、軍艦による海外交易を主張した『賤廼雄誥《しずがみたけび》』などを著し、慶応《けいおう》二年（一八六六）には老中小笠原壱岐守長行《ながみち》、勘定奉行小栗上野介忠順《おぐりこうずけのすけただまさ》から財政、貿易に関する諮問を受けている。

ここで竹川に倣って筆者も外輪船とスクリュー船の違いについて簡単に説明しておこう。外輪船は船外（多くの場合、両舷脇）に取り付けた、水車のような輪を回転させて水をかくことで船を進める蒸気船である。一八世紀末に実用化された蒸気船は当初この外輪式が主流だったが、水深の浅い河川・湖沼での航行に適している一方で、外輪が船外の水線上に露出しているため波浪や漂流物で破損しやすく、船体の動揺時は推進効率が落ちるといった欠点があった。何よりも外輪によって舷側に搭載できる艦砲数が制限されるのは、軍艦にとって大きなデメリットであった。

一方スクリュー船は、船尾の水線下に取り付けられた二～七枚翼のスクリュープロペラが水中で回転することで船を進める。先に述べた外輪の欠点を解消する推進方式であり、外輪蒸気船が実用化されたのとほぼ同じ頃から各国で試作されていたが、一八四〇年代に入ると実用化が進んで多くの船で用いられるようになる。一八四五年にイギリス海軍が行った外輪船とスクリュー船の綱引き競争をスクリュー船「ラトラー」（八六七トン）が制し、スクリュー船の外輪船に対する優越が明確となった。

近世日本人の海上軍事力概念

勝と竹川の海軍論に共通するのは平時の運用の重視、特に平時に軍艦を海運業に用いてその利潤を海軍費に充《あ》てようとする点である。実は同一の船を「平時：商船、有事：軍艦」として使い分ける発想は勝・竹川のオリジナルではなく、中世以来、日本の海上軍事力で続いてきた発想である。例えば品川台場の建設で活躍した江川太郎左衛門も、堅牢な軍船を導入し平時は米の運送に従事させて運航に習熟させるよう提案している。

近世以前に日本で活躍した海賊衆、水軍は、軍事のみならず交易、廻送、通航権（海上関の運営）など広範な海上権益を持ち、それが次第に大名権力に吸収されていったわけであるが、勝や竹川はそうした伝統的な海上軍事力概念のなかで近代海軍というものを理解し、作り上げていこうとしたのである。筆者はこの概念を「海軍と海運の一致」と呼んでいる。

軍艦と商船が明確に分離している現代では奇異な発想に思えるが、これは中世ヨーロッパでも見られた現象である。序章で述べたとおり、国家が所有し国家の予算で維持される海軍が登場するまで、海軍は海戦ごとに王や貴族が私財を投じて編成する船舶の集団であり、その多くは臨時に武装を施した商船だった。これが一五世紀に大砲が登場すると状況が変わってくる。重量物である大砲は船の安定性を保つため従来貨物倉庫だった下層甲板《かんぱん》に据《す》える必要があり、ここに軍艦と商船の船体構造の分化が始まる。西洋で軍艦と商船が完全に別の船舶となっていた一九世紀、日本では理念的に軍艦と商船の未分化時代が続いていたことになる。世界海軍史上、面白い現象であるが、この発想はその後の日本における海軍建設の方向性に少なからぬ影響を与える。

3　海軍の創設

ファビウスの建言

彼ら海軍論者が次々に建白書、著作物で海軍の創設を主張していくのと並行して中央政府である幕府でも施策が動き始めている。このときオランダから日本へ派遣された一人の海軍士官がいた。ヘルハルドゥス・ファビウス中佐である。ここからはフォス美弥子《みやこ》氏が翻訳したファビウスの日記を辿《たど》ってみたい。

一八五三年五月に東インドの海賊討伐用に建造された新造蒸気軍艦「スンビン」（四〇〇トン、外輪）の艦長となったファビウス中佐は、同月オランダを出発して翌年七月バタヴィアへ到着、東インド艦隊司令長官プラートから国王ウィレム三世の贈呈品を日本の将軍へ届け、日本の開国意思を探るという命令を受けている。

「スンビン」を指揮して八月二十一日（嘉永七年七月二十八日）に長崎へ入港したファビウスは、オランダ商館長ドンケル・クルチウスを介して長崎奉行水野筑後守忠徳《ちくごのかみただのり》へ洋式海軍創設について建言した。このなかでファビウスは島国である日本には海軍が必要であること、軍艦は帆船ではなく蒸気船であるべきこと、蒸気船には外輪式とスクリュー式があり、今後はスクリュー式が主流になるであろうこと、長崎に航海学習に熱意のある若者を集め海軍教育を行うべきこと、蒸気船の建造にはドックが必要であり長崎が適地であること、オランダから軍艦運用、造船、造機の熟練者を雇い入れるべきことなどを述べている。

ファビウス

折しも江戸の幕閣から蒸気船の買い入れについてオランダと交渉するよう命じられていた水野は、軍艦を発注した場合の付帯装備の範囲、オランダから教官団を招聘した場合のおおよその人数と給与額などについて、二度にわたりファビウスへ尋ねた上で江戸へ伺《うかが》いを立てた。伺いの主旨はスクリュー式の蒸気船二隻の発注、オランダからの教官団招聘、長崎での海軍教育開始など、ファビウスからの建言のうち幕府の現状で実施可能と水野が判断した項目で構成されていた。伺いを立てられた江戸の幕閣を主導していたのは海防力強化に積極的だった阿部正弘であり、水野の伺いは大目付、目付の審議を経て裁可された。このうち長崎での海軍教育は安政二年（一八五五）から開始されることとなり、ここにいよいよ日本の近代海軍がスタートする。

なお、その後幕府へ譲渡された「スンビン」は「観光丸」、新たに発注された二隻の蒸気軍艦はそれぞれ「咸臨丸」（六二五トン、ただし諸説あり。スクリュー）、「朝陽丸《ちょうよう》」（三〇〇トン、スクリュー）の名で幕府海軍の中核を担うこととなる。

長崎海軍伝習開始

安政二年六月九日（一八五五年七月二十二日）、ファビウスは「スンビン」と蒸気軍艦「ヘデー」の二隻を率いて再び長崎へ入港した。「スンビン」は国王ウィレム三世から将軍徳川家定《いえさだ》へ贈呈され、艦長のヘルハルト・ペルス＝ライケン大尉（日本派遣中に中佐へ昇進）が教官団長となり、日本人への海軍教育にあたることとなった。以後、この教育については当時の事業呼称のとおり海軍伝習と呼ぶこととしたい。

この動きを長崎在勤の目付（長崎目付）永井岩之丞《いわのじょう》（尚志《なおゆき》）から伝えられた江戸でも生徒の人選が進められていた。七月九日に示された選抜の基準では「できるだけ年若く学力に優れた者、または砲術や蘭学の心得がある者」とされ、八月末には三七名の人選が完了した。このうち「一船惣督《いっせんそうとく》」つまり艦長（幕府海軍創設後の呼称では船将）要員に指定されていたのが永持亨次郎《ながもちこうじろう》、矢田堀景蔵《やたぼりけいぞう》（鴻《こう》）、そして勝麟太郎である。この三人には御目見《おめみえ》以上（将軍に拝謁できる格式。代々御目見できる格の家が旗本ということになる）という身分上の共通点があり、特に永持は御目見以下の家格からその才幹で御目見以上の勘定格となっていたところでの、さらなる抜擢《ばってき》だった。

ペルス＝ライケン

船将以外の士官要員は職掌柄、砲術の素養がある鉄砲方、浦賀奉行所の与力・同心、江川太郎左衛門の薫陶《くんとう》を受けた韮山代官役所の手代・手付、長崎奉行所の地役人などから選ばれた。浦賀奉行所から派遣された者のなかには高島秋帆《しゅうはん》が創始した高島流砲術などを修めた砲術巧者で、ペリー来航時には浦賀副奉行と称して旗艦「サスケハナ」に乗り付けて交渉にあたった中島三郎助もいる。変わり種では天文方に出仕する数学者小野友五郎《ともごろう》が伝習生徒を命じられて長崎へ派遣されている。これは江川太郎左衛門に砲術、蘭学を学び、オランダの航海書を翻訳した実績によるものだろう。小野は本来の所属が笠間《かさま》藩（現在の茨城県笠間市）であり、唯一陪臣《ばいしん》身分からの生徒となった。

翌安政三年に入ると伝習生徒のうち七名が相次いで江戸へ呼び戻される。その理由は安政二年二月に江戸に開設された講武所（武術教育機関）砲術教官への任命であったり、派出元の要望であったりとさまざまだが、その補充に伊沢謹吾《いざわきんご》ら九名が指名され、次いで伝習生徒の門人、従者などの名目で長崎へ行き、聴講生のような非正規の形で伝習に参加していた榎本釜次郎《かまじろう》（武揚）ら三名もこれに加えられた。

このときの人選基準では蘭学の素養が重視された。最初の伝習生徒たちがオランダ人教官との意思疎通という課題に直面した結果であろう。安政四年に最初の伝習生徒が教育を修了し、江戸で開設予定の軍艦操練所教官となるため帰府すると、新たに三〇名が長崎へ派遣された。なお、伝習生徒の人選過程については金蓮玉《キムヨンオク》氏の研究に詳しい。

このように三段階にわたって伝習生徒が派遣されたことから、後世の研究で彼らを一期生、二期生、三期生と呼ぶことがあり、筆者も前著『幕府海軍の興亡』で便宜的にこの分類を使ったが、当時そうした期別の切り分けがあったわけではないことは付記しておく必要があるだろう。

水夫と火夫（機関員）は、船手の水主《かこ》同心、浦賀奉行所、大坂町奉行所、長崎奉行所の水主から選ばれた。水主の多くは讃岐《さぬき》国塩飽《しわく》諸島（現在の香川県坂出《さかいで》市、丸亀《まるがめ》市、三豊《みとよ》市、多度津《たどつ》町にまたがる島々）出身者である。塩飽諸島は治承・寿永の乱における屋島《やしま》の戦いでも島民が活躍したと伝えられる水軍の島であり、織田信長、豊臣秀吉、徳川家康らへ水主を提供した由緒から、江戸時代には島民の自治が認められるとともに幕府水主の供給源となっていた。

長崎目付として海軍伝習事業を所掌し、オランダ人教官から「伝習所総督」と呼ばれた永井岩之丞が任期を終えて江戸へ戻ると、後任の長崎目付岡部駿河守長常《するがのかみながつね》、木村図書《ずしょ》（喜毅《よしたけ》）が相次いでその任を引き継いだ。彼らはいずれものちに海軍を所管する軍艦奉行に就任する人物である。このほか佐賀藩、福岡藩、薩摩藩、長州藩などからも生徒が送り込まれ、彼らは各藩で創設された海軍の基幹要員となっただけでなく、幾人かは明治海軍でも重要な役割を果たすことになる。

表１－１　第１次教官団の教育計画

授業・訓練	授業日
測量・数学	1、4、6、9の日
造船	2、7の日
蒸気機関	3、8の日
船具運用	7、5、10の日
帆前調練	2の日
海上砲術	2、8の日
大小砲船打調練	2、23の日

出所：『勝海舟全集８　海軍歴史Ｉ』207頁より作成

オランダ人教官団はペルス＝ライケン大尉以下二二名、担当する科目・訓練に分かれて生徒の教育にあたった。ペルス＝ライケンが定めた授業計画は表１－１のとおりである。数学のように航海に必要な基礎学科から帆の取り扱いや艦砲射撃のような実地の訓練まで、蒸気軍艦の運航に必要な科目が網羅的に組まれている。授業・訓練は一月十九日から十二月十九日までの期間で行われ、毎日朝四ッ時から九ッ時まで（十時から十二時）と、昼後九ッ半時から八ッ半時まで（十三時から十五時）。ただし、五節句（人日《じんじつ》〔一月七日〕、上巳《じょうし》〔三月三日〕、端午《たんご》〔五月五日〕、七夕《たなばた》、重陽《ちょうよう》〔九月九日〕の各節句）、将軍の増上寺《ぞうじょうじ》参詣と浜御殿《はまごてん》（現在の浜離宮恩賜公園）への御成《おなり》といった重要行事の日は休みとされた。

安政四年八月には、幕府がオランダに注文していた蒸気軍艦「ヤッパン」が長崎へ到着、「咸臨丸」と命名された。

同艦を回航してきたウィレム・ホイセン・ファン・カッテンディーケ大尉（日本派遣中に中佐へ昇進）以下三七名は、ペルス＝ライケンらと交代して日本に留まった。以後、長崎海軍伝習が取り止めとなるまで日本人の教育を担った、オランダ海軍第二次教官団である。

カッテンディーケの嘆息

任務を引き継いだカッテンディーケは教育体系の細分化を試み、月曜日から土曜日までをそれぞれ九時から十時半、十時半から十二時、十四時から十五時、十五時から十六時の四時限に分けて週間の時間割を作った。このなかには**表1-1**で見たような船乗り必須の素養に関する科目のみならず、歩兵調練、騎馬調練、築城、砲術といった陸軍の教育科目も含まれていた。

カッテンディーケは日本滞在中の見聞を克明に記録しており、日本人生徒への率直な評価が記されていてなかなか面白い。彼は勝麟太郎の怜悧《れいり》さや、榎本釜次郎の勤勉さを称賛する一方で、生粋《きっすい》の船乗りである彼を困惑させた、日本人の学習態度や習性についても書き残している。

海軍の初級士官教育では将来艦長として軍艦を指揮するための基礎として、軍艦の運用に関する全ての分野を一とおり学ぶ。例えば海上自衛隊では、幹部候補生学校を卒業して三等海尉（外国海軍の少尉に相当）に任官し、遠洋練習航海を経て艦艇勤務を始めると、そこから攻撃武器部門（砲術士など）、航海部門（通信士など）、機関部門（機関士など）を一つずつ経験していく（順番は人により異なる）。その上で一等海尉（外国海軍の大尉に相当）のときに水雷、航海などの専門を決めるのが標準的なキャリア・パスとされ、この人事管理は俗に「スリ

カッテンディーケ
所蔵：長崎大学附属図書館経済学部分館

ー・ローテーション」と呼ばれている（もっとも近年は人手不足のため、このとおりにいかないことのほうが多いが）。

しかし、伝習生徒たちは「拙者は運転の技術は教わっているが、操練はやらない」「拙者は砲術、造船および馬術を学んでいるのだ」（『長崎海軍伝習所の日々』）と言っては気ままに好みの科目を選んで勉強していた。衣服に油汚れがつく甲板上の運用作業を嫌がる生徒も多かったようである。

「大体において、日本人はなかなか努力したと言える。しかし私が他の手本と成って貰《もら》うため、大いに努力して貰いたいと思ったその人々、すなわち海軍士官たちが、かえって私を最も失望させた」（同書）と嘆くカッテンディーケには同業者として同情を禁じ得ない。

カッテンディーケを困惑させたのは伝習生徒の学習態度だけではない。伝習を監督する木村図書は「咸臨丸」の厨房《ちゅうぼう》は不要なので撤去し、代わりに火鉢を置いてはどうかと提案してきた。日本人が食事時にめいめいで七輪や火鉢を使って煮炊《にた》きを始めることはオランダ人教官たちにも見慣れた光景となっていた。火の始末を厳重にする船の上で一〇〇人からの乗組員がそれぞれ火鉢で煮炊きするさまを思い浮かべ、カッテンディーケは心からげんなりしただろう。彼が木村の提案を拒否したことは言うまでもない。

のちに「咸臨丸」を率いてアメリカへ渡り、卓越した社交センスで現地の人々を魅了した

表1－2　長崎海軍伝習の練習航海および長崎〜江戸回航

年月日	目的地	使用艦	備　考
1857年3月4日〜3月26日	長崎〜江戸	観光丸	矢田堀景蔵指揮
1858年3月30日〜4月3日	五島・対馬	咸臨丸	教官同乗
〃　4月21日〜5月3日	平戸〜鹿児島	咸臨丸	教官同乗
〃　6月7日〜6月11日	天草	咸臨丸・鵬翔丸	教官同乗
〃　6月21日〜6月26日	長崎〜江戸	鵬翔丸	伊沢謹吾指揮
〃　6月21日〜6月29日	鹿児島	咸臨丸	教官同乗
〃　11月?日〜11月21日	江戸〜長崎	咸臨丸	矢田堀景蔵指揮
〃　11月22日〜11月28日	福岡	咸臨丸・朝陽丸	教官同乗
1859年1月末〜3月4日	長崎〜江戸	観光丸	矢田堀景蔵指揮
〃　2月7日〜3月4日	長崎〜江戸	朝陽丸	勝麟太郎指揮

註：カッテンディーケの日記の情報であるため年月日は西暦で表記している
出所：カッテンディーケ『長崎海軍伝習所の日々』より作成

木村も、この頃は日本の慣習を船に持ち込もうとしてカッテンディーケを困惑させる存在だったのである。異郷の地、日本で彼が技術、人材、文化、すべてゼロの状態から近代海軍を作り上げる難しさを実感させられたであろうことは想像に難《かた》くない。海軍黎明《れいめい》期の実に微笑《ほほえ》ましい一コマである（カッテンディーケにしてみれば微笑んでいる場合ではなかっただろうが）。

それでも伝習生徒は安政六年二月に伝習が取り止めとなるまでの間、カッテンディーケが記録しているだけで五度にわたり九州近海で練習航海を行い、修業生は自ら軍艦を回航して江戸へ帰れるだけの技量に達していた（表1－2）。この点はオランダ教官団と伝習生徒たちの名誉のために明記しておかなければならないだろう。この長崎海軍伝習に学んだ幕府、諸藩の生徒のなかから、日本の海軍第一世代が形成されていくのである。

オランダ海軍の友誼《ゆうぎ》も忘れてはならない。日本のために三隻の蒸気軍艦を用意し、一から海軍教育にあたったのはもちろんのことであるが、帰国後ファビウスが中将に、ペルス＝ライケンが海相、中将に至り、カッテンディーケが中佐で軍を退いたのち政治家として海相兼外相になっていることからもわかるように、オランダ海軍は長崎海軍伝習のために選《え》り抜きの人材を送り込んでくれたのである。

江戸の海軍学校

長崎海軍伝習は江戸から遠く離れているがゆえにさまざまな不都合を伴った。多数の幕臣を長崎で修学させるためには多額の経費を要し、情報伝達にも時間がかかる。何より外国人教官との接触を伴うこの事業を幕府中央の目が届かない長崎で行うのは、上層部にとって大いに不満かつ不安だっただろう。このため幕府は長崎で海軍伝習が行われている頃から、江戸に新たに海軍学校を設立して伝習の修了生を教官に充てることを企図し、安政四年閏《うるう》五月、築地《つきじ》の講武所構内に軍艦教授所を開設し、幕臣およびその子弟を対象に海軍修行の有志を募る通達が出された。また、この通達では陪臣であっても主君から格別に見込みありとされた場合は稽古を許可するとしていた。なお、軍艦教授所は軍艦操練教授所、海軍教授所など当時の史料でも複数の呼称が見られるが、最終的には軍艦操練所に落ち着き、軍艦所と省略されることも多かったようである。本書では混乱を避けるため、以降は軍艦操練所で統一することとしたい。

教官要員（軍艦操練教授方出役および軍艦操練教授方手伝《てつだい》出役）には同年二月に伝習を終えて帰府した矢田堀景蔵以下一七名が充てられ、矢田堀が筆頭教官（軍艦操練教授方頭取出役）となった。長崎へ派遣された船将要員三名のうち永持亨次郎は同年一月に伝習生徒から長崎奉行支配吟味役へ転出し、勝麟太郎は修業を延長されて追加補充された生徒とともに長崎に留まっており、矢田堀が教授方を束ねる立場になったのは自然なりゆきだった。

ここで「出役《でやく》」（「しゅつやく」とも）について簡単に説明しておきたい。出役とは本来の所属・役職を維持したまま他の部署へ出向すること、またはその役職を指す。文化二年（一八〇五）に設置され関八州の治安維持を広域的に担当した関東取締出役《かんとうとりしまりでやく》（「八州廻《はっしゅうまわ》り」とも）のように、出役は以前から幕府職制に存在した制度であるが、水上《みずかみ》たかね氏は特に幕末期になると、新設された部門への幕臣任用に多用されるようになったと論じている。なお、幕府海軍もまた、創設当初はこの出役制度の活用により要員が確保されたのである。海軍伝習中に吏務へ戻された永持は以後も外国奉行支配組頭、徒頭、目付介と順調に昇進し、元治《げんじ》元年（一八六四）に四十三歳で没するまで海軍に関わることがなかった。激動の時代にあって幕府はまず永持の吏才を必要としたのだろう。

ともあれ、安政四年七月十九日付で同所は授業を開始し、教育のみならず行政、軍艦運用と、海軍に関する事項の全てを司る幕府唯一の海軍機関として始動した。なお、軍艦操練所は幕府職制の慣例で軍艦方とも呼ばれた。「方《かた》」は「上方《かみがた》」のように方角を示す用法をはじめさまざまな意味を持つ字であるが、この場合は「勘定方」のように部署・担当を示す用法である。軍艦操練所は外国御用立会の大目付・目付が所管し、長崎から江戸へ戻った後も引きつづき目付の任にあった永井玄蕃頭《げんばのかみ》尚志（長崎駐在中に諸大夫《しょだいぶ》へ叙任。諸大夫については後述）と協議して運営すると定められた。

教官の陣容も逐次《ちくじ》強化されていく。安政五年五月十六日に伊沢謹吾以下六名が洋式帆船「鵬翔丸《ほうしょう》」（三四〇トン）で、海軍伝習廃止まで長崎に留まっていた勝麟太郎以下四名が安政六年一月十五日に「朝陽丸」で、それぞれ帰府すると順次教授方の列に加えられ、回航された各艦は軍艦操練所所属となった。軍艦操練所は慶応二年（一八六六）に海軍所と名称を変え、場所も慶応三年に浜御殿へ移転するが、幕府終焉まで海軍の中枢として機能しつづけた。明治維新後は築地の広島藩邸跡に海軍操練所が置かれ、築地が再び海軍教育の地となるが、これはまたのちの話である。

なお、教官の人数からもわかるとおり、長崎海軍伝習を修了した者の全てが軍艦操練所の教授方へ任用されたわけではない。長崎奉行所や箱館《はこだて》奉行所から派遣された生徒の多くは元の所属へ戻った。諸藩から派遣された生徒は帰藩して自藩の海軍建設を担い、その幾人かは数年後に戦場でかつての学友たちと再会することとなる。

第二章　実動組織への転換

――一八六〇～一八六三年

1 「咸臨丸」米国派遣

派遣の経緯

これから万延《まんえん》元年（一八六〇）の「咸臨丸」米国派遣について見ていくが、その前に時計の針を少し戻したい。安政五年六月十九日（一八五八年七月二十九日）、神奈川沖に碇泊《ていはく》中のアメリカ軍艦「ポーハタン」艦上で日米修好通商条約が調印された。日本側全権は下田《しもだ》奉行の井上信濃守清直《しなののかみきよなお》と目付の岩瀬肥後守《ひごのかみ》忠震、アメリカ側全権は駐日総領事タウンゼント・ハリスである。この条約は嘉永七年（一八五四）の日米和親条約で開港された下田、箱館に加え神奈川、長崎、新潟、兵庫の開港（神奈川開港後に下田は閉鎖）、江戸、大坂の開市をはじめとする日米間の自由貿易を取り決めた通商条約である。同条約の第一四条で、条約の批准書交換はアメリカの首都ワシントンで行われると規定されていた。批准とは国家が締結した条約に拘束されることへの同意を表明する手続きであり、二国間条約の場合は締約国間の批准書交換により条約が発効するのが一般的である。ただし日米修好通商条約の場合、第一四条には批准が遅れた場合でも一八五九年七月四日に条約は発効すると明記されていた。

条約締結から二ヶ月後の八月二十五日、外国奉行水野忠徳、同永井尚志、目付津田半三郎《はんざぶろう》（正路《まさみち》）、同加藤正三郎《しょうざぶろう》（則著《のりあき》）の四名がアメリカへの派遣使節に任命される。幕府の保有艦はいずれも小型で乗員も練度未熟と判断され、使節は「ポーハタン」に便乗することとなったが、水野らは日本からもアメリカへ船を派遣することを幕閣に建議する。彼らが第一に挙げたのは使節が身分相応に供を揃《そろ》えれば多人数となり、食料、水、衣服、道具類が「ポーハタン」一隻に収まるか覚束《おぼつか》ないという一見もっともらしい理由だが、重要なのは二つ目である。

水野らは三年間にわたり長崎で海軍伝習を行いながら、この機に一隻も派遣しないのでは後々までの評判に関わる。軍艦操練所の教授方が別船を操艦してアメリカまで航海すれば、「軍艦之組分《くみわけ》海軍之法制」を実地に学ぶ機会となり海軍建設事業も進展するだろうと、練習航海としての効果を主張した。これは官公庁に限ったことではないだろうが、新規事業を興す際に真の狙《ねら》いを表看板に掲げず、その一つ二つ後ろに潜り込ませることがある。かつて東京市《いち》ヶ谷《がや》の防衛省で幕僚勤務に明け暮れていた筆者も身に覚えなしとはしない。この別船派遣の経緯を調べるにつけ、「咸臨丸」派遣に尽力した人々の卓越した行政センスにいささか顔がにやつくのを禁じ得ない。

この建議は軍艦方の活動がこれまで長崎近海と長崎〜江戸間の航海にとどまり、万が一の場合、その後の海軍建設に影響するとして一度は却下される。これに対し水野らは、教授方の技量は向上を続けており、航海に熟練したアメリカ人二〜三人を同乗させれば心配ないと食い下がり、別船派遣をめぐる議論は容易に決着しなかった。

遣米使節に任命された四人はその後の政変などでいずれも任を解かれる。なかでも水野は安政六年七月に横浜で起きたロシア海軍士官・水兵殺害事件の責任を問われ、外国奉行から軍艦奉行へ転役し遣米使節からも外れるが、その後も軍艦方トップとして別船派遣に尽力する。水野がわずか二ヶ月でさらに西ノ丸留守居へ転じると、後任の軍艦奉行となった井上清直、目付から新設の軍艦奉行並《なみ》（奉行の次席）に就任した木村図書が引きつづきこの事業に取り組む。この結果、安政六年十一月二十四日に木村へアメリカ派遣命令が下り、別船派遣が実現することとなった。木村は別船の指揮のみならず条約批准の命を受けた正使新見《しんみ》豊前守正興《ぜんのかみまさおき》（外国奉行兼神奈川奉行）、副使村垣淡路守範正《むらがきあわじのかみのりまさ》（同）以下の使節一行が病気などで使命を果たせない場合には、代わって条約批准にあたることも命ぜられる。木村は併せて軍艦奉行に昇進し、諸大夫に叙せられて摂津守と称した。任務に対応して格上げされたのである。

ここで幕府の役職と官位の関係について簡単に確認しておこう。江戸時代、武士が朝廷から叙せられる官位はすべて幕府が管制し、大名から旗本、大名家臣に至るまで、家格や役職に基づいて叙任された。このうち旗本は幕府で特定の役職に就くと官位に就くことができた。従四位上左近衛権少将《じゅしいのじょうさこんえごんのしょうしょう》となる高家肝煎《こうけきもいり》（「忠臣蔵」の吉良上野介義央《よしなか》が有名）を筆頭に、高家職の従四位下侍従《じゅしいのげじじゅう》ないし従五位下《じゅごいのげ》侍従が続き、それ以外は従五位下（諸大夫）にのみ叙せられる。これらの役職を特に「諸大夫役」と呼び、町奉行、大目付などの要職、将軍の側近くに仕える小姓などがこれにあたる。叙任された者は南町奉行大岡越前守忠相《えちぜんのかみただすけ》のように「〇〇守」といった官職を称した。こうした「守名乗り」は口宣案《くぜんあん》（元々は口頭で示された天皇の命令のメモ）という形で朝廷から追認されるが厳密には私称であり、吉良義央も正式な官職は上野介ではなく左近衛権少将である。これまで図書と称していた木村は諸大夫役たる軍艦奉行に就いたことで、これを摂津守に改めたのである。

これらの官職は奈良時代に整備された律令制に基づくものであるが、その読み方は時代によって変わるのでなかなか難しい。本書では江戸時代の武士が名乗った官職については、将軍の御前で大名や旗本の名を披露する際の要領を記した「披露口《ひろうぐち》」という幕府の文書での読み方に従っている。これが明治時代に入ると太政官制で「大輔」「少輔」といった古代以来の官職名を踏襲しながら読み方が変わってくるのでこれまた厄介《やっかい》である。

余談になるが、このときの木村の待遇について静かな議論が起きている。正使の新見、副使の村垣に次ぐ格式と外交任務を与えられた木村を「遣米副使」と記述する出版物に対し、副使は村垣ただ一人であり木村は副使に発令されていないという指摘がある。もっともな話である。筆者は前著『幕府海軍の興亡』で木村の昇進・叙任を「遣米副使的待遇を与えられた」と書いたが、読者の一人から、「木村も副使だったと誤解を招くのではないか」という意見が寄せられた。海軍の外交機能という面から木村の位置づけを図っていた筆者はいささか困惑したのであるが、「ポーハタン」座乗の使節に事故のあった際、代わって条約を批准する任務をより正確に表すならば「正使の控え」といった表現になるだろうか。一〇時間ほど飛行機に乗ればアメリカへ着く現代では共有しにくい感覚だが、使節が無事に到着するかどうか、派遣される側だけでなく送り出す側も不安を抱き、不測の事態に備えて木村に幕府を代表して条約批准に臨める格式を与えた。筆者は木村の昇進・叙任の意義をこう理解している。

準備の混乱

別船派遣が決まれば次は派遣要員の人選である。別船の責任者となった木村は、長崎海軍

表２‐１　米国派遣時の「咸臨丸」乗組士官（相当を含む）

氏　名	年齢	役　職	配置(非公式)
木村摂津守喜毅	31	軍艦奉行	司令官
勝麟太郎	38	軍艦操練教授方頭取出役	指揮官
佐々倉桐太郎	31	軍艦操練教授方出役	運用方
浜口興右衛門	32	〃	運用方
鈴藤勇次郎	35	〃	運用方
小野友五郎	44	〃	測量方
松岡磐吉	20	〃	測量方
伴鉄太郎	36	〃	測量方
肥田浜五郎	31	〃	蒸気方
山本金次郎	35	〃	蒸気方
赤松大三郎	20	軍艦操練教授方手伝出役	測量方
根津欽次郎	22	〃	運用方
岡田井蔵	24	〃	蒸気方
小杉雅之進	18	〃	蒸気方
吉岡勇平	31	軍艦操練勤番	公用方
中浜万次郎	34	軍艦操練教授方出役	通訳
牧山修卿	27	御雇医師(松前藩医)	医師
木村宋俊	不明	御雇医師手代(宮津藩医)	医師

出所：金澤裕之『幕府海軍の興亡』76頁の表を加筆・修正

伝習の頃から海軍建設に携わってきた人物だが、あくまで行政官であって海軍士官ではない。蒸気艦を運航する実務者が必要であり、軍艦操練所の教官（軍艦操練教授方および教授方手伝）たちがこれに充てられた。

表２‐１は実際にアメリカへ派遣された士官一覧であるが、司令官格の木村、金銭の出納や庶務を司る公用方（のちの主計士官に相当）、通訳、医師を除き、いずれも長崎海軍伝習を修了した軍艦操練所教官であ

る。十代の松岡、小杉から四十代の小野まで年齢の分布は幅広く、当時の感覚では若手からベテランまでバランスよく取り揃えた布陣と言えよう。甲板上で作業に当たる水夫、機関の運転に従事する火焚《かまたき》（機関員）も長崎で海軍伝習を受けた塩飽島や長崎出身の水主たちが選抜された。勝麟太郎は旧知の木村が別船の指揮を執ると知るや、自分を要員に加えるよう働きかけて船将（艦長）に相当する立場を得た。この勝が出航後に悩みの種となることを木村はまだ知らない。

着々と進んでいったかに見えた別船派遣の準備であるが、多くの困難が待ち構えていた。まず要員の待遇問題である。軍艦奉行に昇進し諸大夫に叙された木村は別として、派遣艦の運用責任者となる勝麟太郎（軍艦操練教授方頭取）以下、派遣艦乗組に指定された教授方・教授方手伝たちに新たな役職の発令や身分の引き上げは行われなかった。士官学校教頭と教官たちが「しばらく学校の仕事はいいから、船を操ってちょっとアメリカまで行ってきてくれ」、そう命令されたと考えればわかりやすいだろうか。

筆者は防衛研究所の所員だったときに、本省の海上幕僚監部にいる先輩から「お前暇《ひま》だろ。ちょっとハワイまで行ってきてくれ」と言われ、研究所に籍を置いたまま環太平洋合同演習（RIMPAC）派遣部隊の幕僚に任命されたことがある。一六〇年あまり前にアメリカへ派遣された先輩諸氏の扱いはとても他人事と思えない。

「乗組諸士等、船中の規則階級を論じてやまず」と派遣予定者たちの不満が噴出する状況に、勝は一二ヶ条から成る艦内規則を示達する。勝は船将でない自分にその権限はないものの、航海の指揮を執らないわけにはいかないので仮に規則を定めると宣言し、さらに規則の冒頭で「自分は教頭であって船将ではないが、非常時には先任士官として艦を指揮する」としている（「万延元年申年勝麟太郎物部義邦君航海日記」）。事態の収拾に動く勝にしても不本意な状況であることが伝わる。

彼らをさらに苦しめたのが派遣艦選定をめぐる混乱である。最初に派遣艦に選ばれたのは一八五六年の竣工《しゅんこう》と幕府艦のなかで最も艦齢が若く、推進方式も新式のスクリュー式である「朝陽丸」である。順当な判断と言えよう。しかし、艦の整備や薪水石炭の搭載を終えた後、井上・木村の両奉行から「朝陽丸」は小型（全長約四九メートル、全幅約七メートル）であるため、「観光丸」（全長約五二メートル、全幅約九メートル）に変更するとの指示が下り、艦の整備と物資の搭載は一からやり直しとなった。勝は不満を口にする乗員をなんとかなだめて作業を進めるが、十二月二十三日、幕府艦のなかで最も艦齢が古く旧式の外輪式である「観光丸」は派遣に不向きであるとして、さらにスクリュー艦の「咸臨丸」へ変更となった。この決定が出航前の貴重な一ヶ月を無駄遣《むだづか》いさせられた乗員をより一層苛立《いらだ》たせたことは言うまでもない。彼らをなだめる立場の勝も、日記のなかで「万事甚《はなはだ》不都合」と胸中を吐露している。ともあれ、それから約二〇日間、「咸臨丸」の修理・整備、物資搭載が昼夜兼行の突貫作業で行われた。測量方として乗り組んだ赤松大三郎《だいざぶろう》（則良《のりよし》）が後年「固《もと》より応急の事に過ぎなかった」（『赤松則良半生談』）と回想する状況だったが、「咸臨丸」は翌年一月十三日になんとか品川沖出航を迎える。

太平洋横断航海

品川を出航した「咸臨丸」に乗り組んだのは木村以下、士官、水夫、火焚、公用方の下僚、これに木村の従者、同乗医師の門人らを合わせて九六名。このほかに太平洋へ乗り出す前に寄港した横浜で、水野忠徳らが要望していた海路熟達のアメリカ人としてアメリカ海軍のジョン・ブルック大尉以下一一名の士卒が乗艦し、その後浦賀に入港した。

ブルックは台風のため横浜で座礁《ざしょう》した測量船「フェニモア・クーパー」（九五トン、帆船）の船長でこのとき三十五歳、本国への便船待ちの状態にあった。日本人のなかにはブルックを便乗者と軽んじる向きもあったが、アメリカ海軍天文台で勤務し、太平洋の測量調査に従事してきたブルックは、太平洋上で「咸臨丸」の危機を何度も救うことになる。また、ブルックが「咸臨丸」乗艦中に記録した克明な日記は私たちがこの航海の実態を知る上で貴重な史料となっている。

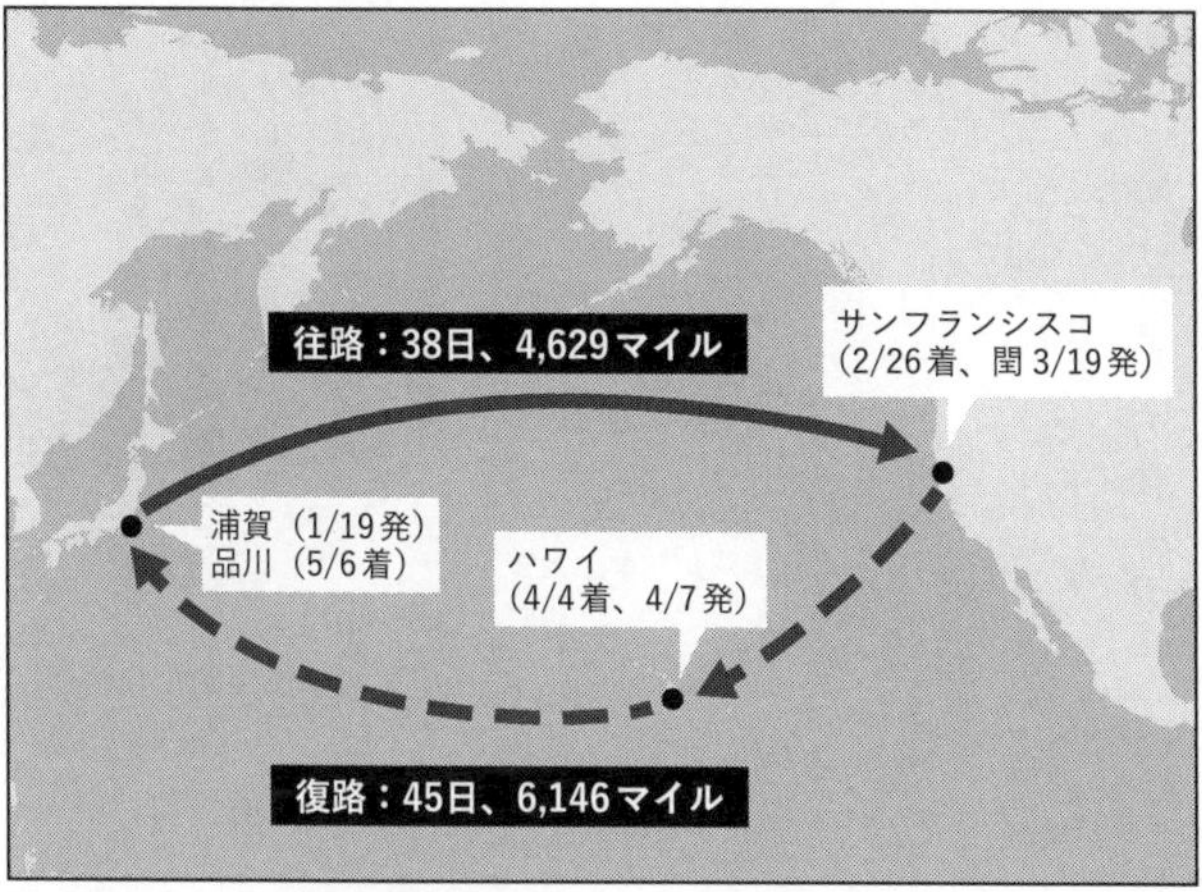

図２－１　咸臨丸の航路
出所：金澤裕之『幕府海軍の興亡』80頁の図を修正

安政七年一月十九日、「咸臨丸」はアメリカへ向け浦賀を出港する（図２－１）。当時の蒸気船は石炭を節約するために極力帆走するのが普通で、「咸臨丸」も出入港時以外は機関の火を落として航行した。加えて「咸臨丸」は機走しないときにはスクリューを水中から引き揚げ、煙突の長さを縮められるなど、帆走時の邪魔《じゃま》な抵抗を減らす設計になっていた。帆走と機走が併用されていた時代ならではの工夫である。

なお同年三月十八日に安政から万延へ改元されるが、日本を離れていた「咸臨丸」一行には知る由《よし》もない。出航翌日から「咸臨丸」は荒天の洗礼を受ける。木村は自身の日記「奉使米利堅《メリケン》紀行」のなかで、乗員が疲労困憊《ひろうこんぱい》して作業できなかったと記録し

ブルック
所蔵：横浜開港資料館

ている。ブルックは出航当日から木村が船酔い、勝が下《げ》痢《り》を起こしていると記録しており、早い話、指揮官以下、日本人乗員が「咸臨丸」を運航できなくなっていた。軍艦奉行の木村は海軍士官ではなく言わば行政官であり、この荒天を切り抜ける手腕を期待するわけにはいかない。仮に木村が船乗りだったとしても、海軍の常識では司令官が艦の運航を直接事細《ことこま》かに指揮することはない。

そうなると士官のなかで唯一教授方頭取の地位にある勝が、出航前の宣言どおり事実上の船将となって艦を掌握するべきところだが、勝は荒天中ずっと自室に籠《こも》ったままだったようである。勝は病気だったとするブルックのほか、木村の従者という資格でこの航海に参加した蘭学者の福澤諭吉《ふくざわゆきち》（中津《なかつ》藩士。慶應義塾《けいおうぎじゅく》の創設者）は、勝は船酔いだったと書き残し（『福《ふく》翁自伝《おうじでん》』）、勝自身は熱病に罹《かか》って船中でしばしば吐血したと語っている（『氷川清話《ひかわせいわ》』）。様々な証言のなかでも木村は、勝は身分が引き上げられなかったことが不満で八つ当たりし、艦のことを相談しても「どうでもしろと」という調子で、それでいて色々反対するので実に困ったと、これまた後年になって語っている（『海舟座談』）。こちらはなかなか剣呑《けんのん》な話である。

また、勝は太平洋の真ん中で「己《おれ》はこれから帰るから、バッテーラ（ボート）を卸《おろ》してくれ」と水夫へ命じたとも木村は語っており、頼《たの》みにしていた勝がまったく頼《たよ》りにならない当時の木村の困惑ぶりが伝わってくる。

二〇一九年に開館した東京都大田区立勝海舟記念館は勝海舟関係史料を多数保管しており、この航海に関する勝の日記（「掌《しょう》記《きの》二《に》」）もそのなかに含まれているが、この日記はあまりにも率直な心情が綴られているがゆえに、これまで公開されることなく今日に至っていると聞く。これからもっと長い年月を経て人々がその内容を知ることができる時代がきたら、この航海をめぐる新たな事実が明らかになるかもしれないが、ここでは荒天中の「咸臨丸」が事実上指揮官を欠く状態で運航されていたと述べるにとどめておこう。

話を航海に戻すと、「咸臨丸」では至るところで索具《さくぐ》（綱で作った船具）が切れ、帆も裂けていたが、それらの処理はもちろん、風に合わせて帆を広げることも畳《たた》むことも、荒天に苦しむ日本人乗員たちには難しかったようである。

しかし日本人乗員を責めるわけにはいかない。艦長の任にある者は航海経験を重ねてその任に就くのが前提である（もちろん身分制の時代には例外もあったが）。経験未熟な若い士官は経験豊富な艦長や副長に鍛《きた》えられて海と船に通じていく。これは掌帆長《しょうはんちょう》や掌砲長《しょうほうちょう》を頂点とする下士官・水兵の世界でも同じである。しかし、「咸臨丸」は司令官から水夫に至るまで乗員のほぼ全員が外洋航海初体験だった。航海は机上の知識だけで乗り切れるものではな

小野友五郎
所蔵：広島県立文書館

い。加えて船酔いや夜間の当直勤務など肉体的に苛酷《かこく》な経験を重ねてさまざまな場面に対応できるようになる。新米を叱咤《しった》し指導するベテランのいない「咸臨丸」に荒天時の適切な処置を望むのは無理な相談だった。

ただし、そうも言っていられないのが同乗のアメリカ海軍士卒である。彼らは自分たちが無事に帰国するためにも「咸臨丸」の運航を維持する必要があった。ブルックは部下を指揮して日本人乗員に代わって艦の運航にあたった。彼は日記に日本人が自分たちに頼り切っていると苛立ちをぶつけながら荒天に対処しつづけた。この間、日本人乗員のなかでは通訳官の中浜万次郎《まんじろう》（ジョン万次郎）がブルックに協力しつづけた。土佐《とさ》の漁師だった中浜は出漁中に遭難してアメリカの捕鯨船に救助され、のちに自身も捕鯨船に乗り組んだ経歴の持ち主である。ブルックもこの航海を通じて彼の船乗りとしての技量に信頼を置いた。

航海が続くうちに日本人のなかにも外海に慣れて艦の運航に携わる者が出てくる。このうちブルックの評価が特に高かったのが、測量方（航海科）の小野友五郎である。数学者（和算家）出身の小野は、長崎海軍伝習中に高等数学をマスターしていた。小野はその能力を遺憾《いかん》なく発揮し、天体観測（天測）の結果から自艦の位置を求める天文航法を使ってしばしば「咸臨丸」の艦位を正確に割り出し、ブルックを驚かせている。

ブルックは日本人士官たちを評した自身の記録のなかで小野に「練達の男」「優れた航海士」と惜しみない賛辞を贈り、彼に最新の航海術を教えた。小野の他にも船酔いから脱した日本人士官の幾人かは実地に天測の経験を積んでいる。浦賀を発してから二月二十六日にサンフランシスコへ入港するまで一ヶ月あまりは、創設間もない幕府海軍にとって貴重な遠洋練習航海となったのである。

アメリカ見聞

サンフランシスコ入港から閏三月十九日（一八六〇年五月九日）の出港までの間、木村以下「咸臨丸」一行はアメリカ側の大歓迎を受けて各地を見学して回る。日米文化交流の場として興味深いエピソードにあふれた二ヶ月間であるが、すでに多くの文献で論じられているものなので、ここでは海軍に関連する話のみを紹介する。

一行の記録から海軍関係の記事を拾うと、彼らは港湾防御用の砲台や艦艇、「咸臨丸」を修理中のメーア・アイランド海軍造船所などを訪れていたことがわかる。このようにサンフランシスコでアメリカ海軍の姿を目《ま》の当たりにしたことが、彼らが帰国後に取り組んだ海軍建設事業に有形無形の影響を与えたと筆者は考えている。

例えば蘭学者としては砲術・築城術を専門とする勝麟太郎は、港湾を守る砲台の構造、配置、付属する火薬庫、武器庫、兵舎について詳細な記録を残している。ペリー来航後の海防建白書で世に出た勝は、この航海から帰国した後も摂海《せっかい》（大坂湾）防備計画の策定に携わっている。そのときに提出された建白書は第一章で紹介した嘉永六年の海防建白書に比べて砲台の構造、配置、砲種、戦術構想などで格段に具体性を増し、アメリカで見聞した内容も反映されている。

砲台以上に詳しく調べられているのが海軍の編制である。彼らが聞き取ったアメリカ海軍の陣容は本国一二ヶ所に海軍局を、本国のほか太平洋、地中海、ブラジル、アフリカ、東インドに艦隊を置く堂々たるもので、艦艇は大小八六隻を数えた。それまで日本人が目にしたことのある最大の艦隊はペリーが浦賀に再来航したときの九隻だったが、それが東インドと本国艦隊の一部に過ぎなかったこともこのときに理解している。この他にも士官の俸給制度、軍艦と商船の艦（船）長の違いなど一行の調査項目は多岐にわたり、彼らが実地に近代海軍というものを理解する貴重な機会となった。このときに得られた制度面の知見は、帰国後に木村が主導した海軍建設計画を策定する上で重要な情報になったと考えられる。

アメリカ見聞の成果は技術・制度面以外にも及んだ。海軍草創期という点を考えるとこちらのほうが重要かもしれない。「咸臨丸」が修理を受けたメーア・アイランド海軍造船所では万里の波濤《はとう》を越えてやってきた日本人に好意を抱いた造船所スタッフたちが作業に心血を注ぎ、彼らの精励ぶりは作業に立ち会う勝麟太郎も強く感じるものがあった。作業を指揮するデイヴィッド・マクドゥーガル中佐は修理箇所の一つ一つを勝に説明し了解を求めていたが、勝は「貴官が適切と考えるなら、いちいち私の了解を求める必要はないので、貴官の判断で進めていってもらいたい」と伝えた。勝のマクドゥーガルへの信頼を示す意図もあっただろう。しかし、マクドゥーガルは勝へ「指揮官たる者、平素から索《さく》の一本、板の一枚に至るまで自分の艦を把握していなければ、嵐に遭ったときなどに艦を守れない。だから私はどんなに小さなことでも貴官に説明し、了解を求めているのだ」と答え、その提案を謝絶した。マクドゥーガルから「汝の船を知れ（know your ship）」という船乗りの心得を諭《さと》された勝は、彼の言葉に強い感銘を受け、そのやりとりを記して僚友たちに回覧したという（「万延元年申年勝麟太郎物部義邦君航海日記」）。アメリカ海軍の士官相手にいささか「ばつが悪い」思いをした勝としては仲間にこのことを黙っておいてもよいところだが、「彼に頭上一針を蒙《こうむ》り

(船乗りのあるべき姿を教えてもらった)」と、包み隠さず語っている。生まれたての海軍の、実に清々《すがすが》しいエピソードである。

なお、新見正興以下の条約批准使節に事故があった場合、代わって条約を批准する任務を帯びている木村は、サンフランシスコ入港後自身も首都ワシントンへ行きたかったようであるが、勝が怒ってばかりいるため彼に艦を委《ゆだ》ねてサンフランシスコを離れるわけにもいかず断念したと、のちに若干の心残りを見せながら語っている(『海舟座談』)。いま私たちが確認できる史料の範囲でその事情を詳《つまび》らかにすることは難しいが、「咸臨丸」の指揮関係が必ずしも円滑なものでなかったことだけは間違いなさそうである。

閏三月十九日、「咸臨丸」はサンフランシスコを出航して帰国の途に就く。復路では往路で便乗したアメリカ人水兵のうち五名が雇われて同乗するが、ハワイ寄港を挟んだ四五日間が好天に恵まれたこともあり、艦の運航はほぼ日本人の手に委ねられたようである。

2　実任務への投入

帰ってみれば

五月六日に「咸臨丸」は品川に入港し航海を終えたが、帰国した彼らを待っていたのは一変した国内情勢だった。安政から万延に改元される直前の三月三日、江戸城へ登城中の大老井伊掃部頭直弼《いいかもんのかみなおすけ》が水戸と薩摩の浪人に殺害される事件が起きていた。桜田門外の変である。

当然ながら五月の時点でもその影響は残っている。帰国した「咸臨丸」が品川入港前日に浦賀へ投錨《とうびょう》すると、浦賀奉行所の捕吏が乗り込んできて水戸の浪人が潜んでいないか艦内を調べようとした。勝麟太郎は「アメリカには水戸人は一人もいないから直《す》ぐに帰れ」と冷やかして追い返すが、勝はのちにこのときはじめて井伊大老が暗殺されたことを知り、幕府の命脈が尽きかけていることを悟ったと回想している（『氷川清話』）。

不安定化する国内情勢のなか、幕府海軍はそれまでの教育・訓練中心の組織から実働組織へと急速に転換していく。以下そのいくつかを紹介しておきたい。

神奈川港警衛

一つ目が警備任務である。桜田門外の変後、水戸の浪人が神奈川の外国人居留地を襲撃するという噂《うわさ》が立ち幕府は対応を迫られた。ここで言う神奈川とは東海道五十三次の神奈川宿ではなく、その対岸の横浜村である。日米修好通商条約で神奈川が開港場に定められたが、宿場町神奈川で日本人と外国人が頻繁に接触することを嫌った幕府が、対岸の寒村横浜を神奈川の一部と称して外国人居留地に設定したのである。

桜田門外の変から一ヶ月後の閏三月、幕府は神奈川港警備のため軍艦二隻に講武所の剣術・槍術稽古人を乗り組ませて常駐させる態勢を布いた。幸い神奈川港への襲撃は起こらず、負担に苦しむ神奈川奉行所や軍艦方からの具申を経て、元治元年（一八六四）四月に三年間にわたった幕府軍艦の神奈川港警衛は取り止めとなった。この間、尊攘《そんじょう》（尊王攘夷《そんのうじょうい》）派志士の捕り物は起きなかったが、一方で軍艦方は神奈川港警衛の副産物とも言うべき実働任務を経験している。

万延元年（一八六〇）七月二十日、イギリスの馬匹《ばひつ》運送船が伊豆大島付近で座礁したとの通報を受け、神奈川港へ派遣中の「朝陽丸」（船将：矢田堀景蔵）に外国奉行兼神奈川奉行の松平石見守康直《やすなお》（のち康英《やすひで》）、イギリス領事館員らが乗り込んで即日出港、捜索《そうさく》、救助に向かった。しかし、このときはイギリス船の発見に至らず、イギリス側が捜索打ち切りを申し出たため二十六日に「朝陽丸」は神奈川港へ帰港した（「御軍艦操練所伺等之留」）。イギリス船の消息はその後も杳《よう》として知れず、そもそも本当にそのような遭難船が存在したのかどうかを含め、真相は藪《やぶ》のなかである。

序章で見たとおり、海洋の秩序維持は海軍に課せられた重要な任務の一つであり、こうした活動は幕府海軍が近代海軍として順調に成長していたことを示すものだった。

沿海測量

一九世紀後半は世界的に盛んに海図が製作された時期である。安全な航路や沿岸部の水深は艦船にとり最重要情報であり、世界中に展開する各国海軍の艦艇も情報収集にあたっていた。ブルック大尉が指揮していた測量船「フェニモア・クーパー」もその一つである。当時は日本周辺の正確な海図がなく、和船はもちろん外国船が遭難することも少なくなかった。先ほど見た真偽不明のイギリス船座礁の一件もそうした状況で起きた出来事である。

日本との条約締結国は幕府に沿海測量の許可を求めたが、もともと日本人と外国人の接触機会をできるだけ局限する政策を採ってきたのに加え、外国船が日本の沿海を測量することに対する国内の反撥《はんぱつ》を懸念する幕府はこれに消極的であり、自ら測量事業を行うことを企図して軍艦方をその任に充てた。とは言いながら限られた人員・艦船で任務をやりくりするなかで新たに加えられた測量任務はなかなか進まず、結局幕府はイギリスの要求を入れて沿海測量を許可した。

しかし、外国船が伊勢神宮や熱田《あつた》神宮を擁する伊勢、志摩、尾張の沿海を測量することには特に反撥が強く、文久《ぶんきゅう》二年（一八六二）六月、この三ヶ国は幕府自ら測量することとなり、軍艦方は他の任務に応じて担当艦を替えながら測量事業を進めていった。このように軍艦方の測量事業は大規模でも網羅的でもなかったが、幕府海軍もまた一九世紀世界における海軍組織であったことを示している。また、この事業に参加した士官のなかから日本海軍の初代水路局長となり「陸にあっては伊能忠敬《いのうただたか》、海にあっては柳楢悦《やなぎならよし》」と謳われた柳楢悦のような海洋測量の専門家が出るなど、後世に与えた影響は小さくない。

幕府海軍の海運業

軍艦方が運用する蒸気軍艦や洋式帆船は優れた機動力を生かしてしばしば物資輸送や要人の移動に使用された。国立公文書館が所蔵している軍艦方関係の幕府公文書「御軍艦操練所伺等之留」を見ると、米の廻送（廻米《かいまい》）に軍艦方の艦船が使用されていることがわかる。

第一章で見たとおり、日本の海上軍事力概念には筆者が「海軍と海運の一致」と呼ぶ考え方が古くから存在し、同一の船舶を平時には商船、有事には軍船として用いてきた。

人員輸送では、後述するポサドニック号事件処理のため対馬藩へ急派された外国奉行小栗豊後守忠順の乗艦に「咸臨丸」が選ばれ、文久元年に幕府が小笠原諸島の開拓に着手した際も小野友五郎が指揮する「咸臨丸」が調査団の乗艦となり、「朝陽丸」が物資輸送に従事している。文久期に入って幕閣の江戸～京都・大坂間の移動が頻繁になると、その移動手段としても軍艦方の艦船が使用されるようになっていった。序章で見たとおり、海軍の三大任務の一つに戦力投射（パワー・プロジェクション）がある。ただしこの場合は、パワー・プロジエクションというよりは、郵船的に軍艦が利用されたと理解するべきだろう。

幕府軍艦による輸送任務のうち、筆者が特に注目しているのが万延元年三月に「鵬翔丸」が陸奥《むつ》国小名浜《おなはま》港（現在の福島県いわき市）へ入港した際の行動である。「鵬翔丸」の任務は常磐《じょうばん》炭田で採掘された石炭を搭載することだったが、浦賀を出港する際に陸奥国磐城《いわき》郡大森村（現在の福島県いわき市）の商人片寄平蔵《かたよせへいぞう》が所有する塩七二〇石を浦賀から小名浜へ輸送している。平蔵からは塩一〇〇石につき四両二分、計三二両あまりが冥加金《みょうがきん》として納められ、石炭購入費に組み込まれた。また、この年の十一月には軍艦奉行から幕閣へ、軍艦で商人の物資を輸送し、冥加金を徴収して海軍費に充てる「売荷積廻」の実施が上申される。残念ながらこの上申の結果は確認できないが、これらは軍艦と商船の船体構造が完全に分かれ、役割分担が明確化していた一九世紀後半にあって軍艦が海運に従事した世界的に珍しい事例である。なお、片寄平蔵は幕府海軍の石炭調達に関する話題で再びご登場願うので、その名をご記憶いただきたい。

フル稼働の軍艦方

ここまで紹介してきた活動のほか、万延元年と文久元年の軍艦方艦船の活動状況をまとめたのが図2－2である。ほぼフル稼働状態であることがよくわかる。

図２‐２　万延元年〜文久元年の幕府艦船活動状況

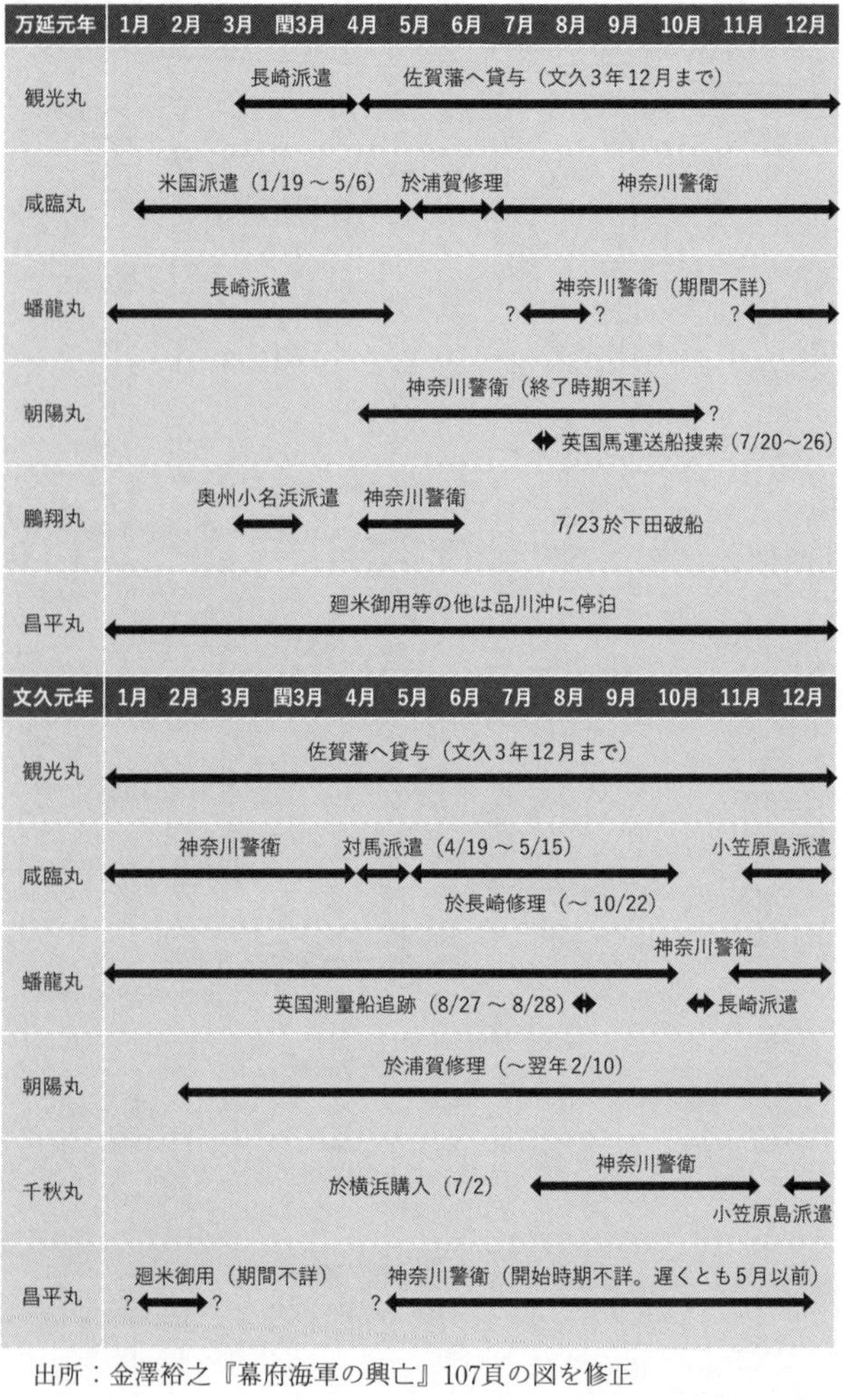

出所：金澤裕之『幕府海軍の興亡』107頁の図を修正

通常、一国の海軍には同等の戦力が四セット必要である。一つ目は警戒・監視活動、各種作戦などの実働、二つ目は訓練、三つ目が艦船の修理・整備、四つ目が人員の休養に充てられ、ローテーションを組んで長期的に戦力を維持する（実際には人員、装備、予算の問題でいくつかを一つにまとめる海軍のほうが多い）。

ところが、この時期の軍艦方艦船はほぼ全艦が常に実働任務に就いており、その合間を縫って軍艦操練所での教育も行われていた。「蟠龍丸《ばんりゅう》」（三七〇トン、スクリュー）、「朝陽丸」などは本格的な修理を必要としながら、任務の船繰りがつかず応急修理にとどめられることもあった。中古商船購入を中心に艦船は順次増勢されていったが、万延元年七月に「鵬翔丸」を荒天で失ったような損耗《そんもう》もあり、根本的な状況改善には至っていない。

興味深いのは「観光丸」が万延元年から文久三年まで佐賀藩へ貸与されている点である。慶長十四年（一六〇九）に制定された大船建造の禁は嘉永六年（一八五三）に廃止され、幕府は諸藩へ蒸気軍艦保有を奨励したが、諸藩にとってそう簡単な話ではない。例えば幕府がオランダから購入した「朝陽丸」の価格は一〇万ドル、おいそれと手を出せる買い物ではなく、幕府へ蒸気軍艦拝借を願い出る藩も出てきた。佐賀藩は代々の家役として長崎警備を担当しており、すでにスクリュー艦「電流丸」（三〇〇トン）をオランダから一〇万ドルで購入している自助努力も加味されての貸与であろう。厳しい船繰りのなかでも征夷大将軍としての武威は示さなければならず、諸侯《しょこう》の嘆願を無下にはできない。幕府もなかなか苦しい立場である。

人員も長崎海軍伝習出身の基幹要員を中心に軍艦の運用、教育、海軍行政の全てを支えていたが、軍艦操練所で要員が養成される一方で海難死、病気による退役、他部署への異動などで漸減《ぜんげん》しており、艦船と同じく人員もフル稼働状態にあった。

幕府海軍は創設からこの時期まで一度も実戦を経験しないまま歩みを進めていたが、それは決して幕府海軍が実働しない海軍であることを意味しなかったのである。

3　文久の軍制改革

軍制改革はじまる

文久二年（一八六二）六月、勅使大原重徳《しげとみ》が島津久光《ひさみつ》（薩摩藩主島津茂久《もちひさ》の実父）率いる薩摩藩兵に護衛されて江戸へ入り幕政改革を要求した。桜田門外の変で権威を失墜させていた幕府はこれを拒めず、朝廷の要求どおり安政の大獄で処罰されていた徳川慶喜《よしのぶ》、松平春嶽《しゅんがく》（慶永《よしなが》）がそれぞれ将軍後見職、政事総裁職に就任する。そのほか参勤交代の緩和などの一連の幕政改革を後世の研究者は文久の改革と呼ぶ。この文久の改革で重要項目となったのが軍制改革である。きっかけは文久の改革に先立って起きたある外交問題だった。

文久元年二月、ロシア軍艦「ポサドニック」が対馬国浅茅《あそう》湾に侵入して上陸、対馬藩へ同地の租借を求めて半年間滞留した。この間、警備の農民がロシア兵に射殺されるなど状況は混乱を極めた。五月に入って幕府は外国奉行小栗忠順を「咸臨丸」で対馬へ急派し、小栗は「ポサドニック」艦長のニコライ・ビリリョフに退去を要求するが、事態を打開できないまま江戸への帰投を余儀なくされた（小栗は帰府後、外国奉行を罷免《ひめん》される）。このポサドニック号事件はイギリスのロシアへの抗議により「ポサドニック」が退去する形で幕引きとなったが、開国して条約を遵守していれば外国との武力衝突を回避できると考えていた幕府に大きな衝撃を与えた。幕府はペリー来航時と同等、あるいはそれ以上に軍事力を近代化する必要性を痛感したのである。なお、このの ち対馬藩から幕府へ「異国押《おさ》え」の家役を果たすために必要として蒸気軍艦の貸与が嘆願され、文久三年六月に「昌光《しょうこう》丸」（八一トン、スクリュー）が貸与されるが、翌月荒天のため対馬沖で破船している。

文久元年四月十五日、若年寄遠藤但馬守胤統《たじまのかみたねのり》、同酒井右京亮忠毗《うきょうのすけただます》が「海陸御備向幷《おそなえむきならびに》御軍制取調御用」（以後、「軍制掛」とする）に任命されて軍制改革の評議が始まった。軍制掛は同年六月までに一五名が任命され、軍艦方からは軍艦奉行井上清直、同木村喜毅がその列に加えられた。文久の軍制改革で検討された海軍近代化の施策は組織改編、人事制度改革、沿岸部の防備構想の三点から成り立っていた。

軍艦組創設と船手廃止

まず組織改編から見ていこう。文久元年六月、幕府の軍事組織に軍艦組が新設される。「番」や「組」を編制単位とする幕府直轄軍は当時大番、書院番、小姓組、新番、小十人組で構成されており（五番方）、寛永二十年（一六四三）に新番が創設されて以来、約二二〇年ぶりの常設部隊新設となった。それまで軍艦方は軍艦奉行など一部の役職を除いて出役で構成されていたが、それが同年七月十二日の人事発令で軍艦操練教授方出役および同教授方手伝出役の一部が軍艦組へ編入される。彼らが臨時勤務・兼務（出役）から正規の役職（御役名の場）へ身分を移したことは、幕府海軍の恒久的な軍事組織化を意味した。そうなると、ある行政整理が避けられなくなる。類似する組織の統廃合である。

文久二年七月、井上・木村両軍艦奉行の建議により船手が廃止となり、船手の人員・装備は軍艦組へ編入された。長崎海軍伝習開始以来、幕府の海上軍事力としては船手と新設の軍艦方が併存してきたが、軍艦方が常設の軍事組織となった今、実効的な戦闘能力を失って久しい船手を存続させる理由はなかったのである。四人の船手頭のうち、船手頭筆頭を世襲してきた向井氏の当主向井将監正義《まさよし》だけは軍艦組に編入されるが、向井も九月には番方の中堅役職使番《つかいばん》へ転出し、以後、幕府終焉まで海上の役職へ戻ることはなかった。

次に人事制度である。軍艦組へ編入された教授方および教授方手伝のうち、教授方頭取出役の矢田堀景蔵は両番格軍艦頭取へ、同伴鉄太郎《ばんてつたろう》、同小野友五郎はそれぞれ小十人格軍艦頭取に任命された。役高（その役職に就くために必要な禄高。家禄が役高に足りない者を抜擢するための制度が足高《たしだか》の制）でいうと両番格軍艦頭取は二〇〇俵、小十人格軍艦頭取は一〇〇俵と、格式こそ五番方の平士《ひらし》と変わらないが、船将を務める士官に対応する幕府職制上の正式な役職が創設された意義は大きい。「咸臨丸」太平洋横断航海の際に解決できなかった船将の待遇問題は、こうして正規の船将役職が発令されるところまで改善されたのである。なお、両番とは将軍の親衛隊たる書院番・小姓組の総称であり、五番方のなかで最も格式が高かった。

木村喜毅
所蔵：木村家、横浜開港資料館保管

文久三年一月には木村が海陸軍総裁（文久の改革で新設）の蜂須賀阿波守斉裕《あわのかみなりひろ》へ、翌二月には老中井上河内守《かわちのかみ》正直へ、それぞれ士官の待遇改善を建議する。なお、木村とともに数々の建議をしてきた井上清直は前年の八月に外国奉行に就任し、軍艦方を離れている。

建議の主旨は、軍艦は金さえあれば建造できるが要員養成には多大な労力を要し、修業後の任務も危険を伴う。ゆえに「格別の御優待」が必要というものである。このなかで木村は各国の士官制度を模した一五の階級と各職務・俸給を示し、近代海軍に相応《ふさわ》しい階級制度の確立を目指した。この建議中、最も重要なのが、木村が示した士官任用の基準である。

木村は当主や嫡男《ちゃくなん》以外でも能力次第で士官に任用するべきであると主張する。これは組織秩序を家格、家禄、家の由緒（家筋）に拠る近世武家社会の枠を超える発想だった。特に家禄に応じて課された軍役に基づき、家ごとに編成された自律的戦力の集合体という近世的軍隊の論理から思い切った跳躍をした建議であると言える。一五〇年続く幕臣木村家（木村家は甲府藩主から徳川宗家を継承した六代将軍家宣《いえのぶ》に従い、甲府《こうふ》藩士から幕臣になった家である）の嫡男である木村は、近世的軍隊の論理のなかで生まれ育った人間である。「咸臨丸」太平洋横断航海の往路では、士官の能力に基づいて当直制を変更することを拒んでブルック大尉を嘆かせてもいる。それがアメリカでの見聞、帰国後の実働任務を通じ、近代海軍には個人の能力に基づく人事制度が不可欠との結論に達したのであろう。

六備艦隊構想

最後が沿岸部の防備構想である。文久二年閏八月一日、木村は老中板倉周防守勝静《かつきよ》へ大規模な海軍建設計画を提出する。計画は二つの柱から成り立っていた（三谷博『明治維新とナショナリズム』）。

一つ目が江戸内海・大坂湾の防備である。その防備にはフレガット蒸気軍艦三隻・コルベット蒸気軍艦九隻から成る艦隊一組に蒸気運送船一隻、小型蒸気軍艦三〇隻を付属させてこれに充てる。これに要する人員は四九〇四人が計上されている。

フレガット（フリゲート）の定義は第一章で見たとおりだが、コルベットは艦砲、排水量ともにフリゲートより少ない艦種であり、当時日本が保有していた蒸気軍艦は全てコルベットだった。なお、こうした等級は帆船時代のものであり、蒸気軍艦の進歩に伴い、フリゲートとコルベットは巡洋艦という新たな艦種へ集約されていく。

二つ目が全国の沿岸防備である。これは江戸・大坂の防備体制が整えられたのちに取り組むとされている。計画では全国の沿岸部が図2－3に示すような六つの警備管区に分けられていた。江戸を根拠地とする東海備《そなえ》、箱館を根拠地とする東北備、能登別所《のとべっしょ》（現在の石川県七尾《ななお》市の能登島）を根拠地とする北海備、下関を根拠地とする西北海備、長崎を根拠地とする西海備、大坂を根拠地とする南海備で全国の沿岸防備を網羅するものである。なお、備とは戦国時代から江戸時代にかけての軍事編制単位であり、本来の意味では弓、鉄砲、槍、騎馬の各兵種に加え、補給部隊（小荷駄《こにだ》）を有して独立した作戦行動が可能な部隊を指す。

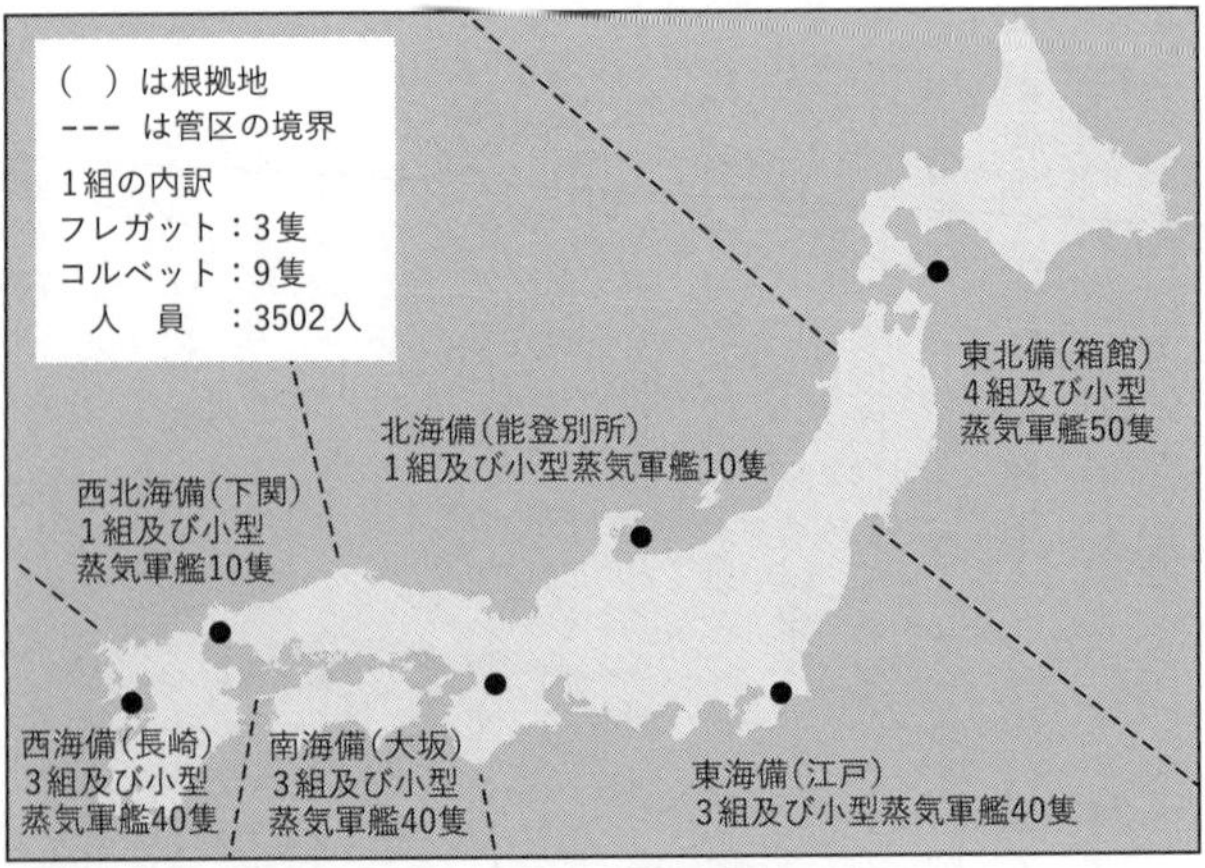

図2-3　文久の改革における海軍配備計画
出所：金澤裕之『幕府海軍の興亡』138頁より

六個の備の合計は艦船三七〇隻に人員六万一二〇五人、堂々たる大海軍構想である（参考までに海上自衛隊の定員約四万五〇〇〇人という数字を挙げておく）。後世これを「六備艦隊構想」と呼ぶこともある。これは軍艦方が江戸、大坂などの幕府直轄領（天領）だけではなく、大名領を含む全国の沿岸部防備に責任を負うと自己認識していたことを表している。

壮大な規模もさることながら、それ以上にこの建議で重要なのが指揮系統の一元化を目指した点である。前述のとおり、近世的軍隊の本質は軍役に基づく自律的戦力の集合体である。将軍は大名、旗本（直臣）へ知行に応じた軍役を課す。大名、旗本は軍役を務めるため知行収入から家臣団を召し抱える（陪臣）。大名家臣である程度の知行を有する者は、さらにその家臣（陪々臣）を召し抱えて主君への軍役を務める。将軍は直臣への指揮権を有するがそれは陪臣や陪々臣へは及ばず、彼らへの指揮権はその主君たる大名、旗本や大名家臣に帰していた。

このように近世的軍隊の指揮系統は重層的なものだが、木村の建議ではこの原則が明確に否定される。大名家ごとに保有する軍艦で艦隊を編成したのでは指揮が行き届かない。また、大名家ごとに要員養成から軍艦の調達・建造までを行うのであれば事業は遅々として進まない。ゆえに海軍の指揮権を幕府に一元化し、艦隊の建設も諸藩に海軍整備費（兵賦《へいぶ》）を課した上で幕府が一元的に行うというのが建議の眼目である。

これまでの軍艦方は蒸気軍艦をはじめとする近代兵器を装備する一方、日本最大の封建領主である徳川家の私的軍事力だった。それが近世的軍隊の論理を根底から覆し、日本全体の海軍を志向するところまで成長してきたのである。

4　勝海舟と「一大共有之海局」

海軍建設計画の挫折と勝の擡頭

この海軍建設計画は文久二年（一八六二）閏八月二十日に開かれた会議の議題となるが、

会議の三日前に軍艦奉行並に就任し軍制掛のメンバーとなっていた勝麟太郎が「これ五百年之後ならでは其全備を見るに到る《（ママ）》難《がた》かるべし」（「海舟日記」）と、実現には五〇〇年かかる、つまりこの計画には実現性がないと発言し、勝の発言を機に事業化の機運は急速にしぼんでいった。この発言は記録者によって細部が異なるが、計画を否定ないし揶揄《やゆ》する内容であった点では違いがない。この頃、幕閣で重きをなしたのは政事総裁職の松平春嶽である。朝廷、諸藩との協調によって政治的安定の回復を目指す春嶽は、諸藩に兵賦を課し幕府の海軍を建設するこの計画に否定的だった。三谷博《みたにひろし》氏は勝の軍艦奉行並就任から会議での発言までの一連の動きの背景に春嶽の存在を見ている。

この会議以降も木村は何度かこの計画を再提出するが採用には至らなかった。閏八月二十日の会議における勝発言が計画にダメージを与えたことは間違いない。木村は文久三年六月頃からしばしば辞意を漏らすようになり、八月に辞表を提出して翌月御役御免となった。航海実務や海軍建設計画の策定に活躍し、さまざまな面で木村を支えた軍艦頭取の小野友五郎も同年十二月に勘定組頭へ転出する。木村の後任となった松平備後守《びんごのかみ》乗原は海軍関係の職を経験したことのない素人であり、行政官ながら長崎伝習以来海軍に携わりつづけてきた木村のような積極的な働きは期待できなかった。文久の改革における海軍建設は、軍艦組や軍艦頭取の新設という成果を上げながら、全体的には軍艦方の挫折《ざせつ》に終わったのである。

海軍建設計画が暗礁に乗り上げ憂色を深める木村と入れ替わるように擡頭《たいとう》してきたのが、軍艦奉行並の勝麟太郎である。実はアメリカから帰国した後、勝は軍艦操練教授方頭取から洋学の研究教育機関である蕃書調所《ばんしょしらべしょ》の頭取助へ、さらに講武所の砲術師範へ異動していた。勝と同じく軍艦方士官の先任者たる矢田堀、米国派遣組の伴、小野が軍艦頭取に任命されたのとは対照的である。勝はこの経緯を「時に讒者《ざんしゃ》の舌に罹《かか》って種々無形の世評を立てられて」（『氷川清話』）と述懐しているが、太平洋横断航海での状況から船将不適格と判断された人事であろう。ただし先述のとおり、軍艦方の発展段階からして誰が指揮しても大なり小なり同じ状況になっていたとも考えられ、勝にはいささか損な役回りだったと言えなくもない。

それでも海軍建設事業が積極的に推し進められていた文久二年七月、勝は軍艦操練所頭取となって海軍へ復帰、二ヶ月後の閏八月には軍艦奉行並に昇進するとともに軍制掛に加えられた。無役時代の勝を見出した大久保忠寛が文久の改革で大目付兼外国奉行、次いで御側御用取次の要職に就き、松平春嶽の信任を得ていたことも勝の復権と無関係ではないだろう。松平乗原がわずか二ヶ月で甲府勤番支配へ転出すると軍艦奉行は空席となり、奉行並の勝が軍艦方の最上位者となった。以後、幕府海軍の建設は勝が主導する時期に入る。

神戸海軍操練所

軍艦奉行並となった勝が取り組んだ重要施策の一つが摂海警衛、すなわち大坂湾防備である。文久二年十二月、勝は摂海警衛に関する建白書を老中格小笠原図書頭長行へ提出する。この建白書の脅威見積もりは二〜三隻の軍艦が四国・九州の要港、沿岸部の城郭、江戸内海、関東の近海、大坂湾に出没して陸上へ砲撃を加え、小型舟艇で兵を上陸させるというものである。特に勝は蒸気軍艦の機動性に注意を促す。この頃、軍艦方の艦船は品川〜大坂・兵庫間を三〜四日間で移動しており、小笠原も大坂に向かう際その恩恵にあずかっている。勝の指摘は受け入れやすいものだっただろう。

この脅威に対し勝は台場を主体とした防衛体制を提示する。これは紀伊の加太《かだ》と友ケ島《ともがしま》、淡路の由良《ゆら》と松尾崎《まつおさき》、播磨《はりま》の明石《あかし》に台場を築いて紀淡《きたん》海峡と明石海峡の備えとし、湊川《みなとがわ》、和田岬《わだみさき》、洲崎《すざき》には「石造塔」を築いて兵庫港を固める。堺から大坂、西宮《にしのみや》に至る遠浅の海岸線には小型舟艇の上陸を防ぐ堡塞《ほうさい》を設けるという静的な防備体制である。

ただし、勝はそれでも数隻の軍艦が砲台と対峙《たいじ》している間に小型の蒸気船が海峡を通過して、湾内に侵入して艦砲を打ち込むことは阻止できないと、この態勢の限界も示す。例えばアヘン戦争（一八四〇〜一八四二）では、イギリスの小型蒸気砲艦が喫水の浅さを生かして運河の遡上《そじょう》作戦に活躍しており、この脅威認識は正しい。

勝の構想で台場の限界を補うのが動的な防備体制、すなわち海軍力である。勝は兵庫に海軍操練所を置いて江戸の軍艦から半数を割き「西海の軍隊」にするよう主張する。翌春、勝は同様の建議をして兵庫の海軍根拠地設置に取り組むが、これを実現する機会が勝に訪れる。

文久三年四月二十三日、将軍徳川家茂《いえもち》は「順動丸《じゅんどう》」（四〇五トン、外輪）で大坂～神戸間を巡視する。「順動丸」艦上で勝から摂海の防備状況を説明されるなかで、この地に海軍局を置く必要性を説かれた家茂はその場でこれを裁可、翌二十四日には勝へ海軍所・造艦所御取立御用、摂海防禦向御用が命じられた。併せて勝はそれまでの蔵米取り（知行地を持たず、直接米を支給される俸禄形態）を改め、神戸村に知行地を与えられた。以後、新設する海軍局の年間予算を三〇〇〇両とすること、勝が神戸に海軍塾を開くこと、長崎の製鉄所を神戸付属とすること、江戸の軍艦頭取、軍艦操練教授方が一年交代で神戸に在勤することなどが定められた。神戸海軍操練所の創設である。なお、この組織は比較的短期間で廃止されたこともあり当時の史料でも「海軍操練所」「神戸操練局」「神戸海軍局」「神戸表軍艦操練所」など名称が一定しない。ここでは最も一般的な「神戸海軍操練所」で統一する。

勝は身分を問わず広く人材を集めて海軍術を教授し、能力によっては一代限りで「海軍惣《そう》督《とく》」にも任用するという構想を持っており、神戸海軍操練所はその拠点となるはずだった。この頃坂本龍馬ら土佐藩士グループが海軍操練所と共に神戸に置かれた勝の海軍塾で活動していたことは、読者諸賢もよくご存じのとおりである。

こうして勝主導で創設された神戸海軍操練所だが、多忙を極める勝は神戸に腰を落ち着けることができず、赤坂田町の蘭学塾以来の門人佐藤与之助《よのすけ》（政養《まさよし》〔「まさやす」とも〕。出羽《でわ》庄内《しょうない》出身。のち大坂鉄砲奉行。維新後は民部省鉄道助）を中心に運営された。

将軍海路上洛

この頃の軍艦方の活動で注目すべきものの一つが将軍徳川家茂の海路上洛である。文久三年十二月、徳川家茂は同年三月に続いて二度目の上洛を行う。陸行だった前回と異なり、このときは海上ルートが採られた。これに軍艦方の艦船が動員されたのはもちろんであるが、征夷大将軍の武威を示すため、諸大名が保有する洋式艦船にも随伴が命ぜられ、幕府艦五隻に諸藩保有の七隻、計一二隻が将軍の上洛に従った。将軍座乗《ざじょう》艦となった「翔鶴《しょうかく》丸」（三五〇トン、外輪）には政事総裁職松平大和守直克《なおかつ》（松平春嶽は文久三年三月に辞職）、老中酒井雅楽頭忠績《うたのかみただしげ》、同水野和泉守忠精《いずみのかみただきよ》（天保の改革を主導した老中水野忠邦《ただくに》の子）、若年寄田沼《たぬま》玄蕃頭意尊《おきたか》（江戸時代中期の老中田沼意次《おきつぐ》の曽孫）、同稲葉兵部少輔正巳《ひょうぶのしょうゆうまさみ》ら幕閣が付き従ったほか、一二隻の運用責任者として勝が乗り組んだ。

一二隻の軍艦が将軍の指揮下で行動したというと、読者諸賢は「艦隊」という言葉を思い

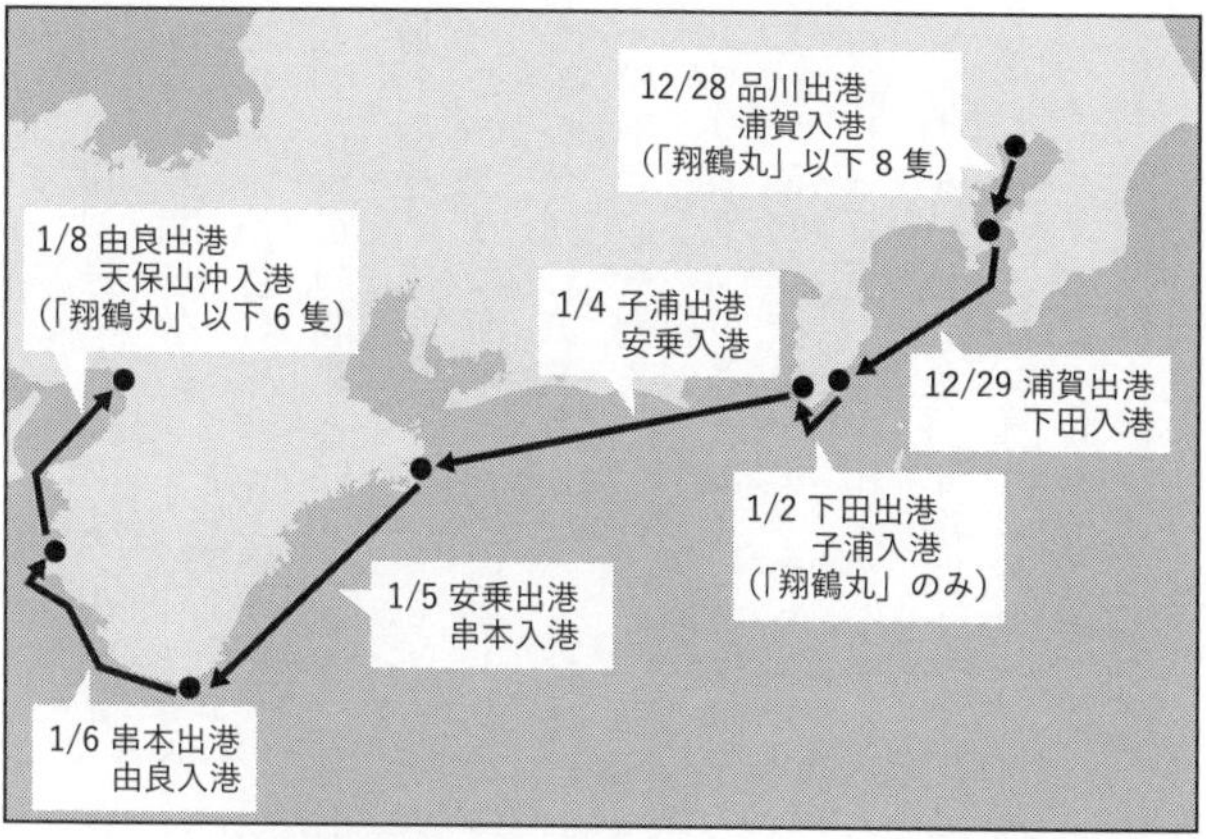

図2・4　将軍家茂海路上洛の航路

出所：「海舟日記」（東京都江戸東京博物館所蔵）、小野正雄監修『杉浦梅潭目付日記』より作成

浮かべるかもしれないが話はそう簡単にいかない（図2・4）。十二月二十八日に品川を発した「翔鶴丸」が浦賀に入港、碇泊した時点では七隻が随伴しているが、一月二日に荒天を避けて子浦《こうら》（現在の静岡県賀茂郡南伊豆町）へ入ったときには従う艦は一隻もなくなっていた。紀伊の由良《ゆら》（現在の和歌山県日高《ひだか》郡由良町）から大坂の天保《てんぽう》山《ざん》（大阪府大阪市）沖の間で五隻が再合流したものの、他の六隻はその後、一月末までに各個に大坂へ到着している。

複数の軍艦が同一海域で行動すれば艦隊になるわけではない。統一された意思の下、各艦が有機的に運用されてはじめて艦隊行動（Fleet Action）が成立する。筆者はこのときの一二隻を艦隊と呼ぶことにはためらいを覚える。
この間、勝の日記には「翔鶴丸」の行動と将軍家茂の動向だけが記録され、他の一一隻には特段の関心を払っていない。このときの各艦の行動は家茂に付き従って「翔鶴丸」に乗り込んでいた目付杉浦兵庫頭《ひょうごのかみ》勝静《かつきよ》の日記で辛うじて一部がわかるのみである。これは勝の個人的な資質の問題というよりも、幕府海軍の軍艦運用能力が個艦単位にとどまっていて、艦隊行動を行う段階に至っていなかったと理解するべきであろう。

このように海軍の発展段階としては未熟さを見せた将軍海路上洛であるが、幕府と諸藩の艦船が合同して航海したこと自体は、勝にとって満足のいくものだった。

松平春嶽や大久保忠寛に近い勝は、政治的にも彼らと同じく公議政体派に属する。勝は徳川家と諸侯の力を結集して国難を乗り切ることを志向し、海軍を軸にこの構想の実現を目指した。幕府に権限を集中させる木村らの海軍建設計画を廃案に追い込み、神戸海軍操練所を新設し、幕臣の枠を超えて全国から人材を集めたのがまさにそれである。幕府、諸藩の海上軍事力を結集した将軍海路上洛も、この線で考えれば勝の構想の全体像が浮かび上がってくるだろう。これを勝は「一大共有之海局」と称し、彼のさまざまな政治行動の基軸となった。

第三章　内戦期

——一八六四～一八六八年

1　元治期の海軍建設

中古商船の大量購入

将軍徳川家茂が海路上洛した翌月の文久四年（一八六四）二月、元号が元治に改められた。この頃から政治情勢の流動化もより一層激しいものとなり、軍艦方もその動きと無縁でいることはできなかった。まずは艦船の取得状況を見ていきたい。

第二章で見たとおり文久期の軍艦方は、創設以来の訓練・教育の時期から実働する海軍へ転換した時期であり、保有艦は常にフル稼働状態にあった。任務量が保有艦の処理能力を超過している状況を改善するため、順次蒸気船の取得が進められていく。

オランダから贈呈され幕府初の蒸気艦となった「観光丸」、次いでオランダに発注した「咸臨丸」「朝陽丸」、いずれも小型ながら軍艦として建造された船である。イギリスから贈呈された「蟠龍丸」（ヴィクトリア女王の遊覧船「エンペラー」。船体が堅牢なため幕府は軍艦とした）のような例外もあるが、基本的に幕府は軍艦の購入もしくは建造による海軍建設を目指してきた。これが元治期に入る直前から変化が生じる。

勝が軍艦奉行並に就任した文久二年閏八月から軍艦奉行を解任される元治元年十一月までに幕府が取得した蒸気艦は取得時期の順で以下の一一隻である。

- 「順動丸」（四〇五トン、外輪）
- 「昌光丸」（八一トン、スクリュー）
- 「長崎丸一番」（九四トン、外輪）
- 「協鄰丸」（三六一トン、外輪）
- 「太平丸」（三七〇トン、外輪）
- 「長崎丸二番」（三四一トン、スクリュー）
- 「エリシールス（和名不明）」（八五トン、スクリュー）
- 「翔鶴丸」（三五〇トン、外輪）
- 「長崎丸」（一三八トン、外輪）
- 「神速丸」（二五〇トン、スクリュー）

・「太江丸」（五一〇トン、スクリュー）

いずれも横浜や長崎などの開港場で売りに出されていた中古商船である。

この施策の背景に、筆者が「海軍と海運の一致」と呼ぶ勝の海軍構想があったことは言うまでもない。文久二年九月九日、政事総裁職松平春嶽、老中板倉勝静、同水野忠精から横浜で売りに出されている蒸気船（購入後「順動丸」と命名）について下問を受けた勝は、「当今海軍にあらざれば兵備立《たち》がたき」（「海舟日記」）と前置きした上で、要人の移動手段にするのなら軍艦にこだわる必要はなく商船でもよいと答えている。また、勝の年来の持論に加えて外敵の拒絶・排除という理念上の任務と、戦闘任務が生じないなかで多岐多様の任務に軍艦方が忙殺されている現実に折り合いをつけて、まずは船数を増やしていこうという勝の現実路線と捉えることもできよう。元治元年二月には軍艦と運送船を区別するため、軍艦の艦名は「丸」を省き運送船のみ「〇〇丸」と呼称する旨が達せられた。軍艦方の艦船に大量の商船が加わったことと関連していると考えてよかろう。このとき「観光」「咸臨」「朝陽」「蟠龍」「翔鶴」「黒龍《こくりゅう》」（元治元年、福井藩より幕府へ売却）の六隻が軍艦に、それ以外が運送船に分類された。

給炭システムの構築

蒸気船は風頼みの帆船と比べて安定した推進力と優速を得る代わりに蒸気機関の燃料を必要とする。この時代の代表的な燃料は石炭であった。世界ではじめて蒸気を動力とした紡績工場がイギリスのマンチェスターで操業を始めたのは一七八九年、世界初の実用的な蒸気船「クラーモント」(約八〇トン、外輪)がアメリカのハドソン川で運航を始めたのは一八〇七年のことである。以来、世界各地で蒸気機関を動かすための給炭システムが整備されてきたが、日本はその構築を蒸気船の導入と同時に進めなければならなかった。

ここで日本における石炭利用の歴史を簡単に確認しておこう。日本列島で石炭が最初に使われたのは九州地方のようである。山の地肌に露出する石炭に何かの拍子で火が落ちて燃え始めたのを見て、人々は燃料となる石の存在を知ったのであろう。史料上で確認できる最古の使用例は筑後国(現在の福岡県南部)で、文明元年(一四六九)までさかのぼる。以後、石炭は「石炭《いしずみ》」「燃石《もえいし》」「焚石《たきいし》」「煤炭《ばいたん》」「五平太《ごへいた》」などの異称でも用いられてきた。五平太は、元禄《げんろく》八年(一六九五)に肥前《ひぜん》の高島(現在の長崎県長崎市)で石炭を発見した老人の名前に由来する。はじめ石炭は風呂焚きのような家庭用や鍛冶《かじ》用の燃料として九州の産炭地周辺で使用されていたが、一八世紀後半になると塩田で海水を煮詰めるための燃料として注目され、石炭の主要消費地は瀬戸内海へと移っていった。

蒸気海軍を創設した幕府が最初に給炭地として目を付けたのは長崎である。長崎周辺には筑豊《ちくほう》、三池《みいけ》、高島、香焼《こうやぎ》の各炭鉱で採掘された石炭が集まり、開港後は外国船の石炭需要に応えていた。幕府は長崎で艦船用の石炭を安価に確保し、加えて販売利益を得ることを目論《もくろ》んだが、佐賀藩をはじめすでに石炭の専売制を布いていた諸藩の抵抗に遭い成功しなかった。長崎海軍伝習の打ち切りにより長崎が幕府海軍の根拠地から寄港地の一つへ地位を低下させていたこともあり、幕府は海軍の根拠地江戸により近い場所に新たな給炭地を求めるようになった。

最終的に幕府海軍の給炭機能を担ったのは陸奥国南部（現在の福島県双葉《ふたば》郡）から常陸国北部（現在の茨城県日立《ひたち》市）にまたがる常磐炭田である。さびれた炭鉱町の生き残りに奮闘する人々の姿を描いた映画『フラガール』でご存じの方も多いだろう。広大な常磐炭田のうち陸奥国白水《しらみず》村（現在の福島県いわき市）では、安政三年（一八五六）年に炭層が発見され、第二章に登場した片寄平蔵が軍艦操練所御用となり、幕府へ石炭を納入するようになった。平蔵は文久三年だけで八一七〇俵《ひょう》（約四九〇トン）を納めている。幕府は平蔵だけではなく、江戸の商人からも石炭を購入し、常磐炭田の給炭地化に成功したのである。幕府への石炭納入については神谷大介《かみやだいすけ》氏の研究に詳しい。

一方、神戸海軍操練所の建設に取り組む勝麟太郎は播磨の豪商石川八左衛門《いしかわはちざえもん》が開発中の高《たか》取山《とり》（現在の兵庫県神戸市）炭鉱に目を付け、八左衛門へその促進を命じている。勝失脚後のことになるが、高取山炭鉱は無事採算ベースに乗り、幕府は兵庫に石炭会所を設置して採掘される石炭の一元的管理を図った。幕府のこうした給炭システム構築の努力は幕末期を通じて行われ、その成果は明治日本へ引き継がれていく。

初の実戦

軍艦方が初の実戦を経験したのもこの時期である。西洋の衝撃による対外危機意識から生まれた海軍であるが、初陣《ういじん》は皮肉にも国内の内乱鎮圧への動員となった。

元治元年三月、水戸藩士藤田小四郎《こしろう》（徳川斉昭《なりあき》の腹心藤田東湖《とうこ》の子）が尊王攘夷、横浜鎖港を求めて筑波山《つくばさん》で挙兵したのを機に、水戸藩を二分する大規模な内乱が発生する。藤田らの属する一派が藩内で「天狗党《てんぐ》」と呼ばれていたことから、これを「天狗党の乱」と呼ぶ。混乱は水戸藩内で収拾不能となったため、幕府は若年寄田沼意尊を総督とする軍勢を差し向けて鎮定にあたる。陸上の戦いで言うと、天狗党の乱は文久の改革で創設された洋式軍隊（幕府陸軍）がはじめて実戦に投入された戦いであり、軍事史上少なからぬ意義があるのだが、軍艦方にも出動が命じられている。

九月八日付で「浮浪之徒」の海上からの逃走阻止を目的に派遣命令が下り、軍艦方は海域の封鎖にあたったほか、福井藩から売却されたばかりの「黒龍」が海上から那珂湊《なかみなと》を砲撃している。軍艦方の天狗党の乱への出動も、日本の近代海軍が経験した初の実戦、特に港湾の封鎖に使用された最初の例として軍事史に記憶されるべき出来事である。ただし、海上戦闘能力を持たない天狗党への出動は軍艦方からの一方的な攻撃に終始しており、初の実戦としての意義は限定的なものにとどまることも付け加えておきたい。

勝の解任

この間、軍艦方を主導したのは勝麟太郎である。勝は海路上洛や大坂湾巡視を通じて将軍家茂の信任を得ていたのに加え、当時三条実美《さねとみ》とともに京都の政局で重きをなしていた尊攘派公卿姉小路公知《あねがこうじきんさと》や、桂小五郎《こごろう》（のち木戸孝允《たかよし》）ら長州藩尊攘派との親交とも相まって、海軍建設にかなりの発言力を持つようになっていた。しかし、文久三年五月に姉小路が暗殺され（朔平門外の変《さくへいもんがいのへん》）、続いて八月に尊攘派公卿と長州藩が京都から一掃されると（八月十八日の政変）、勝の立場は次第に困難なものとなっていく。

元治元年五月十四日、勝は空席だった軍艦奉行へ昇進し、諸大夫に叙せられて安房守《あわのかみ》と称した。併せて廃止された大坂船手の人員と船舶が神戸海軍操練所付属となり、勝の構想は着実に進んでいるかに見えた。しかし、翌月五日の池田屋事件で操練所生徒の望月亀弥太《かめやた》が死亡、七月十九日に起きた禁門の変でも土佐出身の生徒安岡金馬《かねま》が長州勢に加わったことから、勝は幕府内で危険視されていく。操練所生徒の氏名・出身地調査、勝の江戸召還、老中阿部豊後守正外《まさと》の尋問を経て、十一月十日付で勝は軍艦奉行を罷免、神戸村の知行地も再び蔵米に切り替えられて、勝は神戸から切り離された。

勝を失った神戸海軍操練所は佐藤与之助の存続嘆願もむなしく元治二年三月に廃止が決定され、拠りどころを失った勝の門人坂本龍馬《りょうま》のグループは紆余曲折《うよきょくせつ》の末に長崎で海援隊を結成することになる。こうして勝が心血を注いだ「一大共有之海局」構想は、短期間で挫折を余儀なくされたのである。

2　第二次幕長戦争への投入

開戦の経緯

幕府海軍が経験した初の本格的実戦が慶応二年（一八六六）の第二次幕長戦争である。この戦いをめぐっては第二次長州征伐（征討）、四境《しきょう》戦争、長州戦争など、さまざまな呼称が存在する。征伐、征討といった言葉は幕府側の主観に立った見方であり、この戦いの性格を的確に捉えていない。長州藩の四方面の藩境（芸州《げいしゅう》口、石州《せきしゅう》口、大島口、小倉《こくら》口）を意味する四境戦争は逆に長州藩の主観に立った表現である。長州戦争となると、戦闘のほとんどが長州藩領外で行われたこの戦いの地理的範囲を正確に表さない。このため近年ではより客観的な戦争呼称として三宅紹宣《つぐのぶ》氏らが幕府と長州、二つの交戦団体を意味する幕長戦争を提唱しており筆者もこの考え方を支持する。本書ではこの戦いを第二次幕長戦争と呼ぶ。

元治元年（一八六四）七月、朝廷は禁門の変で御所に発砲した長州藩に追討令を発し、幕府は元尾張藩主徳川権大納言《ごんのだいなごん》慶勝《よしかつ》を総督、福井藩主松平越前守茂昭《もちあき》を副総督とする征長軍を編成、十一月までに三五藩約一五万人が部署に就いた。ただし、このときは幕長間交渉により長州藩が禁門の変で兵を率いた三人の家老を切腹、三家老を補佐した四人の参謀を斬首とし、藩主毛利敬親《たかちか》・広封《ひろあつ》（のち元徳《もとのり》）父子が謝罪書を提出するなどの条件で開戦は回避された。その後、長州藩では高杉晋作が挙兵して恭順派政権を打倒し（元治の内乱）、「武備恭順」を掲げる抗幕政権が誕生する。

この動きに幕府は長州藩に「容易ならざる企《くわだて》これあり」として慶応元年五月十六日（元治二年四月七日に改元）、将軍家茂の進発を布告した。その後も幕長間交渉は続けられるが、同二年五月二十九日を回答期限とした幕府の長州処分案（長州藩の一〇万石削減、藩主父子の蟄居《ちっきょ》・隠居など）は双方の合意に至らず開戦不可避となる。この間、軍艦方は「富士山《ふじやま》」（一〇〇〇トン、スクリュー）、「翔鶴」「長崎丸二番」「太江丸」「旭日丸」（排水量不明、帆船）の五隻が五月二十九日までに順次、安芸国宇品《うじな》港（現在の広島県広島市）に集結した。「富士山」は慶応二年二月に発注先のアメリカから回航されたばかりの新鋭艦である。

このうち「翔鶴」と「長崎丸二番」は小倉方面の幕府軍指揮官となった老中小笠原壱岐守長行、小笠原の幕僚となった大目付兼軍艦奉行木下大内記《だいないき》利義《としよし》が小倉へ移動するための便船となり、「長崎丸二番」はそのまま小倉に留まった。なお、木下は船将要員として長崎海軍伝習に学び、のちに旗本木下家へ養子に入った伊沢謹吾その人である。

大島口の戦い

第二次幕長戦争に投入された幕府海軍のうち最初に戦端を開いたのは、大島（周防大島）口に布陣した「富士山」「翔鶴」「太江丸」「旭日丸」である。なお、大島口には文久三年の将軍海路上洛にも参加した松江藩の「八雲丸一番」（三三七トン、スクリュー）も従軍していたが、「八雲丸一番」は機関の傷みが激しく、帆走時以外は他艦に曳航《えいこう》されなければ航走できなかった。陸上兵力は歩兵奉行河野伊予守通和、歩兵頭戸田肥後守勝強《かつきよ》、歩兵頭並城織部《じょうおりべ》らが指揮する洋式歩兵約二七〇〇人が基幹兵力の幕府陸軍方と伊予松山《まつやま》藩兵である。ここからは「富士山」の先任士官、次いで船将として第二次幕長戦争に従軍した望月大象《たいぞう》の日記（「富士山艦長望月大象、長州征伐日記」）から戦いの経過を追っていく。

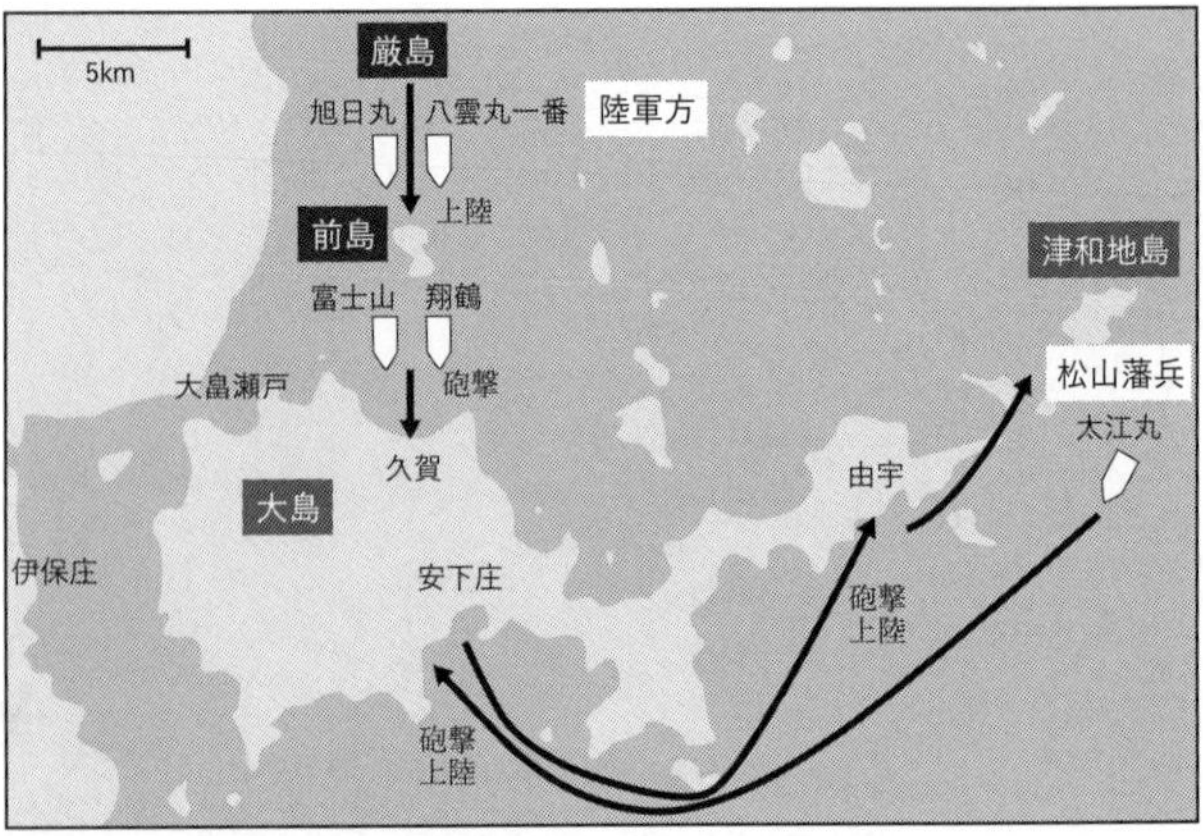

図３-１　大島口の戦況（６月８日）
出所：金澤裕之『幕府海軍の興亡』178頁の図を修正

慶応二年六月七日、厳島沖に投錨した「富士山」「翔鶴」「旭日丸」の各船将（肥田浜五《ひだはまご》郎《ろう》〔為良《ためよし》〕、佐々倉桐太郎《ささくらきりたろう》〔義行《よしゆき》〕、近藤熊吉）は厳島へ上陸して河野ら陸軍方と軍議を開き、翌八日午前三時に陸海両軍が会同して攻撃開始と決まった。しかし、陸軍方の到着が遅れて会同は十時にずれ込み、「富士山」「翔鶴」の久賀《くか》砲撃だけでこの日の攻撃は終わった。一方、「太江丸」と松山藩兵は津和地島《つわじじま》（現在の愛媛県松山市）から安下庄《あげのしょう》へ進出し、「太江丸」の砲撃後に松山藩兵が上陸、次いで油宇《ゆう》でも同様の行動をとり、敵の遺棄物を押収して津和地島へ帰投した。この日の経過を整理すると図３-１のとおりになる。

　九日午前四時、「富士山」が久賀への砲撃を開始するが、陸軍方は兵船と兵糧不足により大島上陸を見合わせたとの報がもたらされ、「富士山」と「翔鶴」は津和地島へ向かい「太江丸」と情報交換を行った。ここで陸軍方との連絡のため松山藩士一名が「富士山」に同乗して前島《まえじま》へ帰投、ただちに前島で軍議が開かれた。歩兵奉行の河野が伊予松山で四国方面の指揮を執る若年寄京極主膳正高富《きょうごくしゅぜんのかみたかとみ》に以後の指示を仰ぐべきだと主張するのに対し、望月はまだ久賀上陸すらしていないのに何の指示を仰ぐのか、大島攻略が先決であると主張する。評議の結果、望月の主張どおり久賀から陸軍方が、安下庄から松山藩兵が上陸して大島を攻略し、「翔鶴」は厳島に残る陸軍方一個大隊を輸送して久賀方面を増強することに決した。

十一日午前四時、「富士山」「太江丸」の砲撃に続いて松山勢が安下庄へ上陸、久賀でも午前六時に始まった「翔鶴」「八雲丸一番」「旭日丸」の砲撃に続き、午前九時に陸軍方が上陸を果たした。大島を守る長州兵は少数であり幕府軍の攻勢を支えきれず本土へ敗走した。

その後、数日間は十三日未明に高杉晋作の指揮する長州藩船「丙寅丸」《へいいん》（九四トン、スクリュー）が、「旭日丸」「八雲丸一番」へ砲撃を加えてただちに逃走する一撃離脱の奇襲を仕掛けたほか戦況に動きはなかったが、十五日になると長州勢が大畠瀬戸《おおばたけせと》を渡って上陸し、大島の幕府軍は劣勢に転じる。翌一六日に幕府艦は陸軍方、松山勢支援のため対地砲撃を行い一定の効果を得るが、戦況を覆すには至らなかった。

十八日になると陸上兵力の大島撤退、芸州口への転用が決まり、十九日午後四時、各艦の砲撃支援を受けながら陸軍方と松山勢は大島から撤退、第二次幕長戦争の第一ラウンドは幕府軍の敗北に終わった。

指揮官なき統合作戦

圧倒的兵力の幕府軍と対峙する長州藩は全方面へ均等に兵を割くわけにいかず、当初大島の長州勢は領主村上氏（村上水軍の末裔《まつえい》）の手勢、農兵、僧兵などだけだった。一方、幕府軍は洋式陸軍と海軍の主力が配置されており、大島口の幕府軍は他方面に比べて圧倒的に有利な状態で戦端を開いたのであるが、その攻撃は常にちぐはぐだった。戦いの序盤では陸海軍会同の予定時間に陸軍が現れない事態が続き、隣接する芸州口で長州勢に優位を奪われるまでの貴重な数日間を浪費、その後、長州勢の逆襲で大島を奪回される事態を招いた。軍議の席で肥田と望月が歩兵奉行の河野に安下庄における松山勢の奮闘を伝えて陸軍方の奮起を求めたのも、陸海軍の連携がうまくいっていなかったことの表れである。

異なる軍種が協同して行う作戦を統合作戦と呼ぶ。大島口の戦いにおける幕府軍の作戦行動は日本の近代軍事史上はじめて統合作戦が試みられた事例になるが、幕府軍はこれを成功させるために必要不可欠な要素を欠いていた。統合指揮官である。四国方面の幕府軍を指揮する京極高富は大島から約五〇キロメートル離れた松山にあり、刻々と変わる戦況を把握できる状況になかった。陸海軍双方にまたがる指揮権を持つ将がいない大島では、陸軍の先任指揮官河野と海軍の先任船将肥田が協議して作戦を決めたが、お互い相手へ指揮権が及ばないなか、作戦行動の統一性を保つのはそもそも無理な話だったのである。

小倉口の戦い

大島口の戦いが終結すると海上作戦の舞台は小倉口へ移る。実は大島口の戦いの終盤、小倉口を指揮する老中小笠原長行が「長崎丸二番」を大島へ派遣し、「富士山」「翔鶴」の小倉来援を求めていた。幕府軍が大島から撤退した翌日の六月二十日には小倉に在陣する木下利義が安芸国廿日市《はつかいち》沖に碇泊する「富士山」以下の諸艦へ急使を送り、長州勢の小倉襲撃を報じるとともに、諸艦の速やかな小倉回航を命じた。小倉口でも幕府軍は苦戦しており、海軍主力の到着が切実に待たれていたのである。

なお、このときに長州藩船「乙丑丸《いっちゅう》」（三〇〇トン、スクリュー）で戦闘に参加していたのが神戸海軍操練所の閉鎖後に薩摩藩の庇護《ひご》を受けていた坂本龍馬たちである。坂本は土佐にいる兄権平《ごんぺい》へ送った手紙のなかで、戦況を絵入りで説明している。

こうして「富士山」「翔鶴」「太江丸」は小倉口へ向かうこととなったが、このとき「富士山」船将の肥田が軍艦購入任務のため艦を降り、以後、「富士山」の指揮は望月が執った。肥田は戦争終結後に船将系ポストで昇進しており、「咸臨丸」米国派遣後の勝のように更迭《こうてつ》されたわけではない。慶応元年には肥田が工作機械購入のためオランダへ派遣されていることもあり、口実ではなく本当に軍艦を購入させるため主力艦の船将たる肥田を艦から下ろしたのだろう。戦時にあってもどこかのどかさを感じさせる幕府海軍である。

松山藩へ貸与中のため出航が遅れる「太江丸」を残し、「富士山」は六月二十三日に、「翔鶴」は二十五日にそれぞれ沓尾沖《くつお》（現在の福岡県行橋市《ゆくはし》）へ到着するが、沓尾へも木下から小倉回航を求める書状が二度送られてきた。元来商船の「順動丸」は対岸の長州藩台場が活潑《かっぱつ》に活動する関門海峡を通航できず、小倉藩の「飛龍丸《ひりょう》」（五九〇トン、スクリュー）、熊本藩の蒸気船（艦名不明）もあてにならないため、「富士山」の一刻も早い回航を求めるというものだった。木下からの矢の催促に、望月はまず陸路小倉へ向かって戦況を把握することとし、「翔鶴」船将の佐々倉が沓尾に残って「富士山」の指揮を預かった。

六月二十六日、望月は小倉口で行動中の「順動丸」船将岩田平作《へいさく》とともに木下と面談、小笠原長行の幕僚として従軍している目付平山謙二郎《けんじろう》（敬忠《よしただ》。号は省斎《せいさい》）も同席して現地の戦況が説明された。望月と岩田は下関に布陣する敵は台場と蒸気艦三隻に帆船二隻であり（実際は蒸気艦二隻に帆船三隻）、軍艦だけで関門海峡を通航するのは困難、下関の攻略には海陸

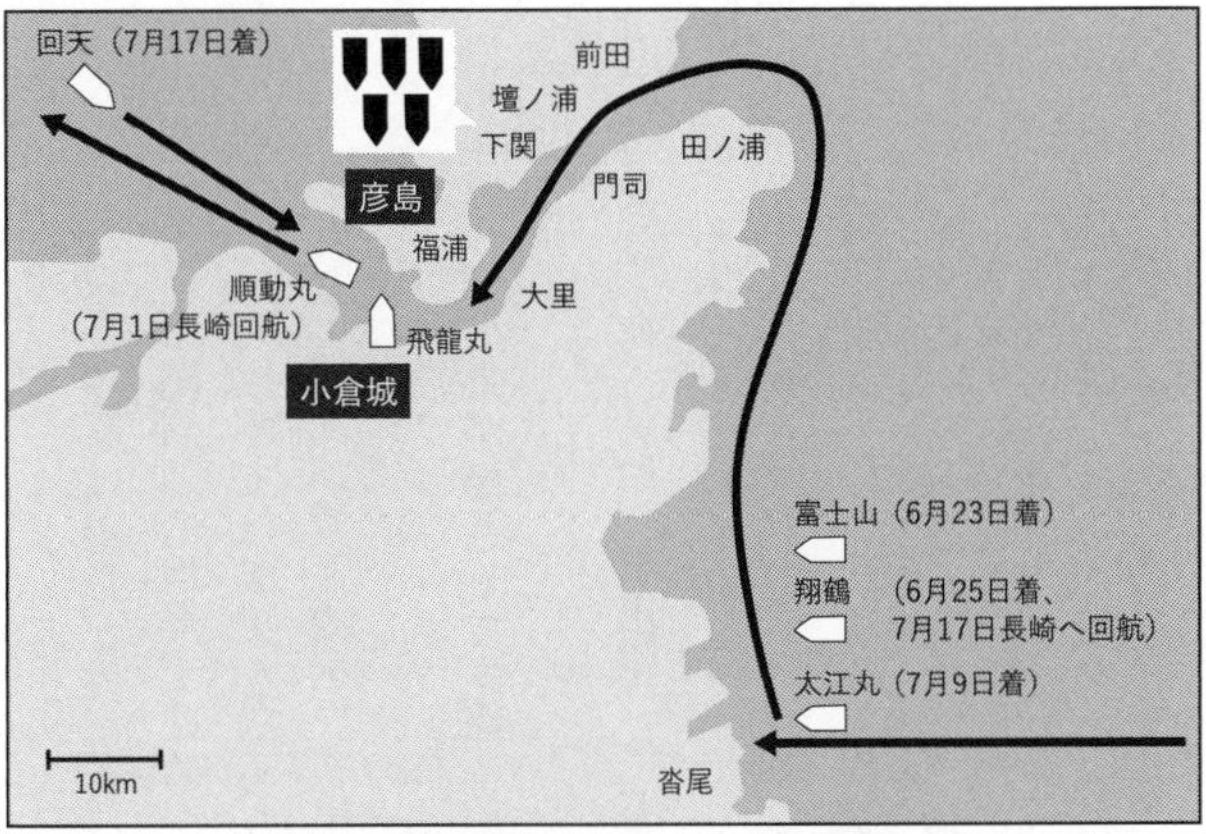

図３－２　小倉口の戦況（６月23日～７月30日）
出所：金澤裕之『幕府海軍の興亡』184頁の図を修正

同時攻撃が必要と具申した。その後、小笠原とも面談した望月は「富士山」か「翔鶴」の一隻だけでもよいので急ぎ小倉へ回航してもらいたいと重ねて要望され、これを了承する。

翌日沓尾に戻った望月は佐々倉と協議して「富士山」「翔鶴」両艦の小倉回航を決心、総員戦闘配置で関門海峡を通航して二十八日午前五時に小倉へ投錨した。両艦の到着により本格的な修理を必要としていた「順動丸」と「長崎丸二番」はようやく戦線を離れて長崎へ回航された。出航が遅れていた「太江丸」も七月九日に沓尾へ到着、ただちに小倉へ向かった。第二次幕長戦争における海戦のハイライトが始まろうとしている（図３－２）。

「富士山」の奇禍

七月一日、小笠原は望月と佐々倉へ「富士山」「翔鶴」による敵艦攻撃を求めたが、二人は浅瀬の多い下関周辺の地形、商船が多数碇泊している状況、両艦の残弾が乏しい事情を述べ、軍艦の単独攻撃では成果を望めないと回答した。代わりに二人は海陸協同で彦島《ひこしま》（現在の山口県下関市）、次いで下関を攻略する作戦を具申し、小笠原も同意した。しかし、先手を打ったのは長州勢である。七月三日午前三時、暗闇《くらやみ》のなかで突如「富士山」が攻撃を受けた。大砲を積んだ小舟が接近して砲弾を放ったのである。彦島の長州砲台からは大里《だいり》（現在の福岡県北九州市）へ砲撃が始まり、下関からは「丙寅丸」「丙辰丸《へいしん》」（四七トン、帆船）、「庚申《こうしん》丸」（排水量不明、帆船）が出撃して幕府軍諸艦を攻撃した。長州勢の攻勢を受け陸上で海軍を指揮する木下利義は「富士山」「翔鶴」へ大里に上陸した長州勢撃退を命令、両艦は午前七時に彦島と大里への砲撃を開始する。ところがこの砲撃中に「富士山」の百斤砲が破裂、士卒二名が即死、三名が重軽傷を負うアクシデントが起きた。死傷者処置のため戦線を離れていた「富士山」へ来艦した木下は被害に驚き、「富士山」の戦線復帰見合わせを命じたため、幕府軍の戦力は一時的に低下する。

三日の戦闘以降しばらく戦況は動かず、木下は「富士山」「翔鶴」が陸兵と協同して彦島を攻撃し、同時に「太江丸」が前田、壇《だん》ノ浦《うら》を攻撃して敵を挟撃する作戦を立案、十日に小笠原長行へ具申する。しかし、小笠原は参陣する九州諸藩の士気が低いとして木下の具申を却下、各艦に交代で休養を取らせる要望も退けた。木下はこれを不服として旅宿に引き籠《こも》り、佐々倉が出勤を勧めても「頻《しき》りに酒を飲み、取り敢《あ》わざる」体《てい》になった。

高級幕吏が辞職を前提に出仕を取りやめる例は江戸時代によく見られる。父は町奉行、大目付を歴任した能吏伊沢政義《まさよし》、自身も高級旗本木下家（家禄二〇〇〇石）の養嗣子《ようしし》にして大目付である木下の行動はこの慣例に適っているが、近代戦の戦場でもそれをやってしまうところに近世から近代への過渡期の面白さがある。小笠原への抗議として宿で酒を飲みつづける木下となだめる佐々倉、どちらも至って大真面目なのだが、筆者はこの情景を想像するたびにユーモラスな気分になるのを禁じ得ない。

こうして職務を放棄した木下に代わり、海軍の指揮を執り得る人物がいるとすれば、この年の五月に軍艦奉行に復帰していた勝義邦（海舟）になるが、勝はこのとき大坂にあり小倉口の海軍指揮官は事実上不在となった。なお、十七日には長崎で新たに購入された蒸気艦「回天《かいてん》」（一六七八トン、外輪）が修理中の「順動丸」乗員に運航されて小倉へ到着、修理を要していた「翔鶴」と交代している。

撤退

七月二十七日、長州勢は再び攻勢に出る。午前四時五十七分、彦島砲台が小倉へ砲撃を開始し、小倉側の砲台、「富士山」「回天」「飛龍丸」も応戦した。両者の砲戦のほか午後八時に戦闘が終了するまでの間、「丙寅丸」がたびたび戦場に現れて幕府軍諸艦や小倉砲台へ攻撃を仕掛けたが、排水量で「富士山」の一〇分の一に満たない「丙寅丸」は一撃離脱に徹して本格的な対艦戦闘に持ち込ませなかった。十時二十分に「回天」船将の柴誠一《しばせいいち》が「富士山」を訪れて望月と協議し、「富士山」は彦島砲台を、「回天」は敵艦を攻撃すると決したが、「回天」が砲戦を繰り広げつつ下関を通峡した一方、彦島付近へ乗り寄せた「富士山」は激流のためそれ以上の接近を断念した。

関門海峡は最狭部で全幅約五〇〇メートルと狭隘《きょうあい》な上に潮流は最大時速九ノット(一六・六キロメートル)と激しく、現在でも海難事故多発海域で知られている。これは海面状況と「富士山」の性能を把握した望月の好判断である。軍事の世界においてファインプレーとは危機を未然に防ぐことであり、それゆえ成功例であるほど目立たない。筆者はこのときの「富士山」の行動もその一つであると評価している。

戦況は再び膠着《こうちゃく》状態に入るが、三十日に幕府軍内部で情勢が大きく動く。小倉口の幕府軍で重きをなしていた熊本藩兵が突如帰国したのである。動揺する幕府軍のなかで最もうろたえたのは小笠原長行かもしれない。午後九時三十二分、小笠原は密かに「富士山」を訪れて長崎への出航を命じる。小笠原はこのときすでに、将軍家茂が七月二十日に大坂城で病没したとの報を密かに受けている。これに熊本藩兵の帰国が重なり戦況に絶望して単身脱出を図ったのである。翌八月一日には小笠原の幕僚たちも「富士山」へ乗艦して午前六時三十五分に小倉を出港、「回天」が随伴した。指揮官と海軍の主力が一度に姿を消した幕府軍では諸藩兵が次々に帰国、幕府陸軍も天領の日田《ひた》（現在の大分県日田市）へ撤退して小倉口の幕府軍は崩壊した。

苦境に立たされたのが小倉藩である。小倉藩では慶応元年九月に藩主小笠原左京大夫《さきょうのだいぶ》忠《ただ》幹《よし》が死去し、その死を秘したまま小倉口の最前線で奮戦するが、戦い半ばで藩主の同族小笠原長行に見捨てられ、小倉城を焼いての撤退を余儀なくされた。幼君豊千代丸（忠忱《ただのぶ》）を熊本へ避難させた小倉藩は、慶応三年一月に和議が成立するまでの間、領内へ押し寄せる長州勢に激しい抵抗を続けることとなる。

「艦隊」と「軍艦の集団」

海上輸送、上陸支援、対艦・対地戦闘と多岐にわたった第二次幕長戦争の海上作戦には、近代海軍史上の意義が少なくない。珍しいところでは大島口の戦いで「富士山」船将の肥田が、艦内の小筒方で編成した部隊を率いて自ら上陸作戦を指揮している。小筒方とは文字どおり小銃で武装した兵であり、「マリニール（marinier：オランダ語で海兵隊）」とも呼ばれていた。軍艦乗組の海兵隊を率いた艦長が上陸戦闘や敵艦への接舷《せつげん》戦闘を仕掛けるのは西洋の海軍でよく見られた戦い方である。肥田は初の実戦にあたり長崎海軍伝習でオランダ人教官から学んだ戦法を忠実に行ったのであろう。これは筆者が知る限り日本で海軍陸戦隊が実戦に参加した最初の例であるが、このときは肥田たちが対地砲撃を行うため戦闘開始前に帰艦しており、陸戦隊初の戦闘事例としての意義は限定的なものにとどまる。

　ここで海兵隊について説明しておく。おそらく海兵隊と聞いて私たちがすぐにイメージするのはアメリカ軍の海兵隊だろう。これは主に外征用の即応部隊としての機能を担う独立軍種であるが、ここで登場する海兵隊はこれと異なる。海兵隊とは元来、帆船時代にヨーロッパ諸国の海軍で活躍した兵種である。彼らは軍艦の乗員とは別に編成され、平素は艦内の規律維持、戦闘時は敵艦に接舷しての移乗白兵戦や上陸戦闘に従事した。幕府海軍もオランダ海軍に倣って同様の兵士を組織したのである。この海兵隊は明治海軍にも引き継がれ、明治九年（一八七六）に行政整理で廃止されるまで海軍の陸上戦闘を担っている。

　一方、課題も明らかとなった。ともに洋式化された幕府陸海軍が大島口で連係を欠いたことは先に見たとおりである。これは幕府軍制そのものの問題であるが、海軍の戦闘にも一つ

表３-１　第２次幕長戦争における幕府・長州藩の海軍力

	艦船名	排水量	推進方式	担当戦域
幕府	富士山	1000トン	スクリュー	大島→小倉
	太江丸	510トン	スクリュー	大島→小倉
	翔鶴	350トン	外輪	大島→小倉
	旭日丸	不明	帆走	大島→小倉
	回天	710トン	外輪	小倉
	順動丸	405トン	外輪	小倉
	長崎丸二番	341トン	スクリュー	小倉→大島→小倉
	八雲丸一番	329トン	スクリュー	大島。松江藩船
	飛龍丸	590トン	スクリュー	小倉。小倉藩船
長州藩	乙丑丸	300トン	スクリュー	大島→小倉
	丙寅丸	94トン	スクリュー	大島→小倉
	癸亥丸	283トン	帆走	小倉
	丙辰丸	47トン	帆走	小倉
	庚申丸	不明	帆走	小倉

出所：金澤裕之『幕府海軍の興亡』181頁の表を修正

の特徴が見られる。この戦いでは幕府、長州藩いずれも複数の艦船を投入した(表３-１)。戦力に劣る長州海軍が一撃離脱の戦法に徹したため大規模な海上決戦は起きなかったものの、軍艦同士の砲戦も起きている。しかし、すべての戦線で共通しているのは、各艦が一隻ずつ各個に戦う個艦戦闘に終始した点である。将軍海路上洛のときと同じくこの戦場に「艦隊」は存在しなかったと言うべきだろう。イギリスの海軍史研究者ヘドリー・ウィルモットは、明治二十七～二十八年(一八九四～一八九五)の日清戦争で日清両海軍が戦った黄海《こうかい》海戦を若干の皮肉をこめて「日本の艦隊と清国の軍艦の集団との戦い」と評したが、これに倣えば第二次幕長戦争の海上作戦は、まさに軍艦の集団同士の戦いだったのである。

その原因は艦船間の通信能力にあると筆者は考えている。ナポレオン戦争最大の海戦トラファルガー海戦（一八〇五年）でイギリス艦隊のネルソン提督が、戦闘開始に先立ち旗艦「ヴィクトリー」に「英国は各員がその義務を尽くすことを期待する」の信号旗を掲げたのは有名である。各種信号旗を組み合わせて意味を作る旗旒《きりゅう》信号は、一九世紀半ばになると艦船間で通常の会話が可能になるほど発達していた。

一方、幕府海軍は戦闘中に状況が変わると船将が短艇で僚艦を訪れて以後の行動を協議し、あるいは船将たちが旗艦や陸上の陣営に集まって軍議を開いている。幕府海軍は刻々と変化する戦況に応じて艦隊を有機的に運用するフリート・アクションを行い得る段階から数歩手前にいたと考えるべきだろう。

3　慶応の改革と鳥羽・伏見の戦い

慶応の改革

第二次幕長戦争の苦戦が続くなか、大坂城で全軍を指揮する将軍徳川家茂が脚気衝心《かっけしょうしん》のため二十一歳で病没する。後継となったのは御三卿《ごさんきょう》一橋《ひとつばし》家の当主慶喜である。文久期から将軍後見職、朝議参予、禁裏《きんり》守衛総督・摂海防禦指揮などを歴任して相応の政治キャリアを積んできた慶喜は、朝廷に休戦の勅命を発してもらい、長州藩とのパイプを持つ勝義邦に長州藩との停戦合意を結ばせた。同時に慶喜が取り組んだのが文久の改革に続く大規模な幕政改革である。後世これを慶応の改革と呼ぶ。慶喜はそれまで老中が月番交代で政務を担当していたのを廃し、各老中が国内事務、会計、外国事務、陸軍、海軍それぞれの総裁を兼ね、老中首座の板倉勝静が特定の所掌を持たず幕閣を主宰する内閣制度のような体制に改めた。老中格稲葉兵部大輔《ひょうぶのたゆう》正巳がこの新体制で海軍総裁に就任した。なお、慶応の改革に先立つ慶応二年（一八六六）七月、軍艦操練所は海軍所に改称されている。これからは幕府海軍を軍艦方ではなく海軍方と呼ぶこととする。

慶応の改革において、海軍方では主に人事制度が改められた。慶応二年十月、主力艦の船将となり外国海軍の大佐に相当する軍艦頭《がしら》、小型艦の船将ないし主力艦の先任士官に任じ大尉に相当する軍艦役、これに次ぐ軍艦役勤方《つとめかた》が新設され、その後も軍艦頭並《なみ》、軍艦役並、軍艦役並勤方と、階級は細分化されていった。船将系の最高位となった軍艦頭は諸大夫役となり、初代軍艦頭矢田堀景蔵は諸大夫に叙せられて讃岐守と称した。幕府海軍が求めてきた士官の待遇改善を象徴する出来事であった。

矢田堀の叙任以上に重要なのが軍艦役・軍艦役勤方人事である。軍艦役となった肥田浜五郎以下、任命された一〇人のほとんどが御目見以下、すなわち将軍への拝謁権のない身分（御家人）の出自である。このなかには文久期に軍艦奉行から抜擢が上申されながら、御目見以下であることを理由に却下されてきた士官も少なくない。彼らの多くはすでに軍艦や運送船の船将として活躍しており、実際の任務にようやく階級が追い付いてきたと言える。また、軍艦組に属するそれ以下の士官たちは小十人格、富士見宝蔵番格、諸組与力格という幕臣の格式と別に、それぞれの技量に応じて一等、二等、三等の等級を付与された。身分と能力が必ずしも一致しないことを制度的に認めている点で画期的な改革だった。

もう一つ重要なのが、役職への任用対象である家の当主、嫡男以外からの登用が拡大した点である。当主の嫡子以外の子や兄弟（部屋住《へやずみ》、厄介）、陪臣などの新規召出《めしだし》は、本人とその子孫へ永続的に家禄を与えなければならない財政上の理由から、極めてハードルが高かった。それがこのときには陪臣の新規召出はすべて一代限りとすることなどで折り合いがつけられ、個人の能力に基づく士官任用は着実に海軍の人事制度に盛り込まれていった。

こうして幕府海軍は二度の幕政改革を経て一歩ずつ近代海軍へ近づいていく。しかし、新時代へのうねりはそれを超えるスピードで動いていた。

「翔凰丸」追跡行動

慶応三年十月十四日、将軍徳川慶喜は土佐藩の建白を入れて朝廷に政権を返上した（大政奉還）。武力討幕を決意していた薩摩藩、長州藩の動きを封じ、日本最大の封建領主として天皇を中心に形成されるはずの新政権で影響力を維持するのが狙いである。これを受けて十二月九日の小御所《こごしょ》会議で王政復古の大号令が発せられ、摂政《せっしょう》、関白《かんぱく》、征夷大将軍が廃止されることとなった。江戸幕府は二六〇年あまりの歴史に幕を閉じたのである。

一方、機先を制せられた討幕派も反転攻勢の機会を窺う。薩摩藩は状況を旧幕府勢力との戦争に持ち込むべく挑発行為を続けた。江戸で浪人を使って夜盗、御用金徴発といった工作が行われ、十二月二十三日に江戸城二ノ丸が原因不明の火災で焼失するに及び、徳川慶喜の留守を預かる江戸の幕閣は薩摩藩への報復を決意する。

十二月二十五日、庄内藩兵を中心に江戸の薩摩藩邸焼き討ちが行われ、藩邸詰めの薩摩藩士と浪人たちは品川沖に碇泊中の薩摩艦「翔凰《しょうおう》丸」（四六一トン、スクリュー）に逃れた。江戸内海を警戒中の「回天」と「咸臨丸」（この年、就役以来の酷使で老朽化していた機関を撤去して帆船となり、運送船に艦種を変更していた）は、ただちに江戸から脱出する「翔凰丸」の追跡行動に移り猛烈な砲撃を加えたが、帆走の「咸臨丸」はほどなく脱落して「回天」単独の追跡となる。

「翔凰丸」は二八発の敵弾を受け、特に左舷前部の喫水線付近への命中弾により浸水が発生したが、「翔凰丸」は破孔に布団《ふとん》を詰め木材で押さえて海水の浸入を防ぎつつ、逃走を続けた。羽田沖を過ぎたあたりで逆に「回天」へ衝角突撃《しょうかく》（衝角は軍艦が体当たりで敵艦の船腹を突き破るため艦首の水線下に取り付けられた突起）を仕掛け、「回天」がこれを回避した隙《すき》に再び逃走する手練も見せながら、日没を迎えた頃に「翔凰丸」は観音崎付近で「回天」を振り切り、年が明けて一月二日に無事兵庫沖へ到着している。こうして旧幕府勢力と討幕勢力との衝突は不可避となった。

余談となるが、このとき「翔凰丸」がとった防水処置は基本的に現代でも変わらない。軍艦の艦内には木材や斧《おの》が備えられ、被弾や衝突などで船体に破孔が生じると、小さな穴であれば栓《せん》を削り出して突っ込み、大きな穴であれば板状の道具や毛布などを当て角材で押さえる。ポンプの排水量が浸水量を上回ってさえいれば沈没を防げるので、不完全でも穴を小さくして浸水量を可能な限り減らそうという考え方である。これをダメージ・コントロールと呼び、海上自衛隊では「ダメコン」と略される。筆者が幹部候補生学校でこの訓練を受けたとき、木栓の削り出しがなかなか上手くいかず、四苦八苦したのをよく覚えている。

慶応四年一月一日、高まる主戦論を抑えきれなくなった前将軍徳川慶喜は「討薩表」を発し、翌日には主戦派の松平豊前守正質《まさただ》（老中格）、竹中丹後守重固《たんごのかみしげかた》（若年寄並・陸軍奉行）、塚原但馬守昌義《まさよし》（若年寄並・外国総奉行）らに率いられた一万五〇〇〇の軍勢が京へ向かった。この展開の早さは、薩長側のみならず旧幕府側にも開戦を望む者が少なからずいたことをよく表している。三日午後五時頃、鳥羽街道で旧幕府軍と薩摩軍との戦闘が始まり、伏見《ふしみ》方面もこれに追随する。以後、一年半続く戊辰《ぼしん》戦争の始まりとなった鳥羽・伏見の戦いである。

海軍方は開戦前から江戸〜大坂間の兵員・要人輸送にあたり、開戦時、大坂湾には軍艦奉行並矢田堀鴻（景蔵。慶応三年九月、軍艦頭から異動）座乗の「開陽《かいよう》」（二五九〇トン、スクリュー）、「富士山」「蟠龍」「翔鶴」「順動丸」「美加保《みかほ》丸（美賀保丸とも）」（八〇〇トン、帆船）が展開中であった。「開陽」は幕府がオランダに発注した最新鋭艦で、榎本武揚、沢太郎左《さわたろうざ》衛門《えもん》らオランダ留学生を乗せて前年三月に日本へ到着したばかりだった。

一方、薩摩藩も兵員輸送に蒸気艦を活用し、開戦当時は「春日《かすが》丸」（一〇一五トン、外輪）、「平運《へいうん》丸」（七五〇トン、スクリュー）、「豊瑞《ほうずい》丸」（三〇〇トン、スクリュー）の三隻が大坂・兵庫方面で行動中だった。薩摩藩江戸藩邸焼き討ちの報が海軍方に伝わると、「蟠龍」が「平運丸」を砲撃し、「平運丸」は被弾しながらも兵庫港へ逃れ、「開陽」「富士山」「蟠龍」「翔鶴」「順動丸」の五隻は兵庫港を封鎖した。

オランダ留学中の榎本武揚
出所：国立国会図書館「近代日本人の肖像」

兵庫港内の「春日丸」（船将：赤塚源六《げんろく》）は、「開陽」へ抗議したが、「開陽」船将の軍艦頭並榎本和泉守武揚は、徳川家と薩摩藩は戦争状態にあり、徳川家が領有する兵庫港を封鎖するのは国際法上の権利であるとして抗議を受け付けなかった。

榎本はオランダで兵制、化学、鉱山学など幅広い分野を学んだが、国際法もその一つだった。留学の成果がただちに生かされたのである。なお、榎本の主張の根拠となるのは「海上封鎖」と呼ばれる国際法（封鎖法）上の行為である。海上封鎖は国家の交戦権に属する権利とされている。ただし、その実施に際しては封鎖宣言とその告知の手続きを要する。旧幕府と薩摩藩を交戦団体と規定するのはよいとして、薩摩側の反応を見る限り、榎本は宣言・告知の手続きをすっ飛ばしているのではないかとも思えるが、榎本も赤塚もこれについて言及していないので深入りは避けることにしよう。

一月三日に陸上の戦いが始まると、兵庫港を封鎖していた「開陽」以下の五隻は、旧幕府軍の薩摩藩大坂藩邸攻撃に合わせて天保山沖へ移動する。一方、脱出の機会を探っていた港内の「春日丸」「平運丸」「翔凰丸」はこの機に乗じて四日早朝出港した。「春日丸」は損傷著しい「翔凰丸」を曳航し、「平運丸」は独航でそれぞれ鹿児島を目指したが、このとき「春日丸」と「平運丸」が衝突するアクシデントが発生する。この事故で「春日丸」は舵輪《だりん》を損傷してしまう。

三隻の脱出に気づいた榎本は「開陽」単艦での追跡を決断し、紀淡海峡を抜けて土佐沖へ逃れようとする「春日丸」「翔凰丸」を阿波沖で捕捉した。「春日丸」の赤塚船将は「開陽」との戦闘を決意し、「翔凰丸」を切り離して単艦脱出させた上で距離三〇〇〇メートルから砲戦を開始した。「開陽」と「春日丸」は一二〇〇メートルまで距離を詰め、双方数十発の砲弾を撃ち込んだものの命中弾はほとんどなかった。そうこうするうちに元来通報艦として建造された「春日丸」は「開陽」に優る速力を生かして逃走に成功、一月六日に無事鹿児島へ入港した。「春日丸」「翔凰丸」と別れて脱出した「平運丸」も、機関の故障に苦しみつつ航海を続けて一月二十日に鹿児島へ到着しているが、「翔凰丸」だけは江戸脱出で武運を使い果たしたのか、阿波国由岐浦《ゆきうら》（現在の徳島県海部《かいふ》郡美波町《みなみちょう》）で座礁して乗員が淡路島に脱出したのち自焼した。これが阿波沖海戦の顚末《てんまつ》である。

徳川慶喜の大坂城脱出

榎本と赤塚が阿波沖で砲戦を繰り広げている間、陸上での戦いは旧幕府軍劣勢で進み、一月四日には仁和寺宮嘉彰親王《にんなじのみやよしあきら》（のち小松宮彰仁親王《こまつのみやあきひと》）が征討大将軍に任じられて錦の御旗、節刀《せっとう》、官印を授けられ、旧幕府軍と戦う薩摩・土佐藩兵は官軍となった。旧幕府軍側で参陣していた淀《よど》藩、津藩もこれを受けて官軍に寝返り、旧幕府軍は敗走を続ける。大坂城で全軍の指揮を執る徳川慶喜は、六日にこの報を受けると朝敵となることを恐れ、老中板倉勝静、同酒井雅楽頭忠惇《ただとし》、主戦派の前京都守護職松平容保《かたもり》、前京都所司代松平定敬《さだあき》その他わずかな側近を伴い密かに大坂城を脱して海路東帰を図った。

慶喜たちは闇夜の天保山沖で艦影を見誤りアメリカ軍艦「イロコイ」（一〇一六トン、スクリュー）に乗り付けてしまい、ここで夜を明かしたのち、あらためて「開陽」へ移って出港を命じた。このとき「開陽」は軍艦奉行並の矢田堀、船将の榎本いずれも上陸中で、副長の軍艦頭並沢太郎左衛門は船将不在で出航できないと拒むが慶喜の命に抗しきれず、出港した体で湾内をぐるぐる回って時間稼ぎしたが、いつまでもそうするわけにもいかず、やむを得ず艦を発し「開陽」は十一日に江戸へ到着した。江戸に戻った慶喜が勝義邦から「これだから、私が言わない事じゃあない、もうこうなってから、どうなさるつもりだ」と面罵《めんば》されたのはよく知られた話である（『海舟座談』）。この二人、どうにも相性が悪かった。

幕府軍の指揮官が将兵を置き去りにして戦線を離脱するのは小倉口の戦いに続いて二度目、そのどちらも軍艦が脱出手段に選ばれたのは、海軍創設の目的を考えれば皮肉なものである。なお、このとき「イロコイ」には後年「シー・パワー」理論を提唱して世界的名声を得るアルフレッド・マハンが副長として乗り組んでいて慶喜一行を迎えている。幕末日本は世界中の海軍との邂逅《かいこう》の場でもあったのである。

小野友五郎の奮闘

徳川慶喜の大坂城脱出が明らかになると城内は大混乱に陥った。主君に自艦を乗り逃げされた榎本も困惑の極みだっただろう。将軍職襲封以来、慶喜はずっと京・大坂にあり、大坂城には多くの幕吏が詰めていた。その一人が勘定奉行並小野内膳正《ないぜんのかみ》広胖《ひろとき》である。長崎海軍伝習に学び「咸臨丸」の米国派遣で活躍した小野友五郎その人である。小野は軍艦頭取から勘定組頭へ転じてからは第二次幕長戦争における動員・補給計画の立案、アメリカでの軍艦・兵器購入などで活躍、勘定吟味役、勘定頭取を経て慶応三年十月に勘定奉行並へ昇進、諸大夫に叙せられ内膳正と称した。陪臣という出自を考えれば異例の出世である。

小野は和算家出身らしい緻密な頭脳と几帳面な性格の持ち主であり、「咸臨丸」米国派遣中の日記は航海の様子を知るための貴重な史料になっている。この頃についても革張りの手帳に鉛筆で記された詳細な日記が残っているが、慶喜の大坂城脱出を知った六日の記述は字がひどく乱れてほぼ判読不能であり、小野の混乱と懊悩《おうのう》がよく伝わる。

しかし、小野は翌日には冷静さを取り戻し、敵が迫るなかで大坂城御金蔵の正金《しょうきん》を城外へ運び出す算段を始める。日記も元の几帳面な字に戻り淡々とその日の業務が記されている。筆者は広島県立文書館が所蔵するこの日記をはじめて見たとき、この字体の落差に覚えず鳥肌が立ったものである。

小野は夜に入ると海軍方を掌握する榎本と面談し、正金の軍艦搬入を調整、翌八日には配下の金奉行を指揮して「翔鶴」と「順動丸」へ積み込みはじめた。八日から十日にかけて搭載された正金は全て二分金と一分金、合わせて五万七五六九両三分に上る。正金と負傷兵を搭載した両艦は十日のうちにいったん兵庫港へ移動して夜半に出港、十一日に紀州藩領の和《わ》歌浦《かのうら》（現在の和歌山県和歌山市）で正金を陸揚げすると、引きつづき負傷兵を載せての航海を続け、十三日に江戸へ到着、撤退任務を全うした。なお、このときに榎本が大坂城の古金一八万両を軍艦に積み込み、一部は彼らが脱走した後の軍資金になったとする説があるが、ここでは小野の几帳面さを信じて五万七〇〇〇両説を採ることとしたい。

慶応四年二月人事

鳥羽・伏見の戦いの敗北を受け、徳川家は慶応の改革に続く軍事組織の改編を断行する。このときに改定された海軍方の階級は表3‐2のとおりである。

海軍創設以来、同一の階級に共存してきた兵科と機関科が、このときに欧米の海軍と同様に別個の階級体系に改められた。なお、この改定で注目すべき点は階級の考え方である。幕臣としての格（両番格、小十人格、富士見宝蔵番格など）と、士官としての技量（一〜三等）を組み合わせ、身分制の論理と近代軍隊の論理との折り合いをつけた慶応の改革からさらに進み、階級の基準が個人の能力に一本化されている。

表3‐2　慶応4年1月の階級改定

兵科	機関科
軍艦頭	
軍艦頭並	
軍艦役	
軍艦役並	軍艦蒸気役一等
軍艦役並見習一等	軍艦蒸気役二等
軍艦役並見習二等	軍艦蒸気役三等
軍艦役並見習三等	軍艦蒸気役見習
軍艦役並見習一等出役	軍艦蒸気役二等出役
軍艦役並見習二等出役	軍艦蒸気役三等出役
軍艦役並見習三等出役	軍艦蒸気役見習出役

註：太枠内が御目見以上
出所：金澤裕之『幕府海軍の興亡』213頁の表を修正

　この階級改定に基づき、慶応四年一月十九日に海軍奉行並、軍艦奉行、軍艦頭の連名で老中格・海軍総裁の稲葉正巳へ海軍方の士官七一名を昇進させる人事案が提出され、二月十六日付で全員の人事が承認された。この七一名には部屋住（ここではまだ家督を継いでいない嫡男や養子のこと)、次三男、厄介二七名、陪臣一一名が含まれ、それ以外にも家禄、家格や出自を理由にこれまで昇進の上申を却下されてきた者が多数含まれていた。

鳥羽・伏見の敗戦を契機に、文久の改革以来、漸進的に進められてきた個人の能力に基づく士官任用の流れが一気に加速したのである。筆者はこの出来事を日本における近代海軍建設過程の画期と捉えており、特に「慶応四年二月人事」と呼んでいる。

人事システムが変化したのは士官だけではない。正確な日付は不明ながら、これまた慶応四年の一月、海軍奉行並、軍艦奉行、軍艦頭連名で老中小笠原長行へ水夫・火焚採用制度の刷新が建議される。

建議の内容は、幕府艦船に乗り組む水夫、火焚は、塩飽島出身者から身元の確かな者を選抜してきたが、人選が十分行き届かなくなってきた。このため、相模から伊豆にかけての海岸沿いの村々へ一〇〇戸につき一〇人ずつ、十六〜二十五歳の船乗り、漁師のなかから篤実《とくじつ》強剛の者を採用したい。火焚については鍛冶職を営んでいる者が望ましいというものだった。先祖からの由緒や代々の役職(家筋)は、家禄、家格とともに江戸時代の軍制を支える根幹だった。それゆえ時の天下人に水主を提供しつづけた塩飽島が幕府海軍でも水夫、火焚の供給源とされたのだが、艦船数の増加は必要とする水夫、火焚の激増も意味し、供給源を特定の地域に限定することを許さなくなってきたのである。

士官・兵の双方で身分や出自の制約を受けない人事制度が確立されたことにより、幕府海軍（正確には旧幕府海軍と言うべきだろう）は、単なる装備の洋式化にとどまらない近代海軍化を果たした。筆者はこのときをもって日本に本当の意味での近代海軍が成立したと考えている。しかし、すでに幕府海軍はその歴史的使命を終えようとしていた。

第四章

解体、脱走、五稜郭

——一八六八〜一八六九年

1　幕府海軍の解体

「終戦内閣」の成立

慶応四年（一八六八）二月九日、有栖川宮熾仁《ありすがわのみやたるひと》親王が東征大総督に任じられ、十五日には錦旗と節刀を授けられて京を出発した。これに先立って一月七日には徳川慶喜追討令が発せられており、新政府軍の江戸進撃は着々と進められていったのである。

江戸では主戦論を唱える陸軍奉行並兼勘定奉行の小栗忠順が一月十五日に御役御免となり、新政府への恭順路線が布かれつつあった。小栗罷免の二日後、非戦派の軍艦奉行勝義邦が海軍奉行並へ昇進し、さらに二十三日には老中格松平縫殿頭《ぬいのかみ》乗謨《のりかた》が兼務していた陸軍総裁へ抜擢、併せて若年寄に任じられた。勝は陸軍総裁を引き受けたものの若年寄は固辞し、こちらは若年寄次席に落ち着いた。こうして勝は、会計総裁、次いで若年寄・国内事務取扱に就任した大久保一翁（忠寛。第二次幕長戦争に反対して勘定奉行を罷免され、隠居していた）らとともに、新政府軍との戦争回避に取り組むこととなった。

鳥羽・伏見の戦いまで老中以下の幕府役職に就いていた諸大名は二月末までに順次職を退き、旧幕府の組織は若年寄をトップに旗本が運営する徳川家の家政機関に転換する。海軍方では老中格稲葉正巳が兼務していた海軍総裁を辞し、軍艦奉行並の矢田堀鴻と軍艦頭並の榎本武揚が、一月二十八日付でそれぞれ海軍総裁、海軍副総裁に就任した。慶応三年六月に軍艦奉行へ再任していた木村喜毅は、軍艦奉行の役名を海軍所頭取に変えて矢田堀、榎本へ実権を譲り、さらに慶応四年三月二十二日には勘定奉行へ転じて海軍でのキャリアを終えた。本来であれば海軍士官の経歴と高級旗本の身分を兼ね備えた木下利義が海軍総裁、少なくとも副総裁の席を占めるべきところだっただろう。しかし、木下は慶応三年六月に軍艦奉行を辞任してこのときは大目付専任になっており、すでに海軍から離れていたと考えてよい。

一方、勝は、慶応四年二月二十五日に軍事取扱に転じて陸軍のみならず徳川家軍事部門のトップとなり、引きつづき新政府との和平交渉にあたった。しかし、主戦派は勝のコントロールを離れて各地で新政府軍への抵抗を続け、特に陸軍方では洋式部隊の脱走が相次いだ。では海軍方はどうだったのだろうか。

軍艦引き渡し

新政府軍が江戸へと迫るなか、静寛院宮《せいかんいんのみや》（一四代将軍家茂正室。仁孝《にんこう》天皇の皇女和宮親子《かずのみやちかこ》内親王）、天璋院《てんしょういん》（一三代将軍家定正室。島津斉彬、近衛忠煕《このえただひろ》の養女。篤姫《あつひめ》の名で有名）、輪王寺《りんのうじ》宮公現法親王《みやこうげんほっしんのう》（日光輪王寺門跡《もんぜき》、上野寛永寺《かんえいじ》貫主。伏見宮邦家親王の子、仁孝天皇の猶子。のち北白川宮能久《よしひさ》親王）など、さまざまなルートで寛典《かんてん》（寛大な処置）の嘆願が行われたが、いずれも新政府軍から和平の確約を得られなかった。その間、三月六日には甲斐《かい》勝沼《かつぬま》（現在の山梨県甲州《こうしゅう》市）で旧幕府軍（甲陽鎮撫隊《こうようちんぶたい》。近藤勇《いさみ》指揮）が東山道先鋒総督府参謀の板垣退助《たいすけ》（土佐藩士）率いる新政府軍と衝突し、交戦二時間で敗走している（甲州勝沼の戦い）。勝は和平不成立に備えて江戸市中に火を放つ算段をつけ、和戦両様の構えをとるが、徳川慶喜が派遣した山岡鉄太郎《てつたろう》（号は鉄舟《てっしゅう》。精鋭隊頭）が、三月九日に東征大総督府参謀西郷吉之助《きちのすけ》（隆《たか》盛《もり》。薩摩藩士）との会談に成功する。

西郷から山岡へ示された、徳川家の新政府への降伏条件は次の五条であった。

一、江戸城の明け渡し
一、城中の兵の向島《むこうじま》退去
一、全ての兵器の引き渡し

一、全ての軍艦の引き渡し

一、徳川慶喜の岡山藩への御預《おあずけ》

山岡は徳川慶喜の岡山藩御預以外すべての項目を受け入れ、事態は戦争回避へ向け大きく前進する。これを受けて三月十三日には高輪《たかなわ》の薩摩藩下屋敷で、十四日には田町《たまち》の同藩蔵屋敷で勝・山岡と西郷の会談が行われた。東征大総督府、その指揮下の東海道、東山道、北陸道の各先鋒総督府および奥羽鎮撫総督府では皇族、公卿が総督に任じられ、諸藩の実力者が参謀となって軍の実質的な指揮を執っており、徳川家軍事取扱の勝と西郷の会談は交渉の節目となる事実上の両軍トップ会談となった。この会談で江戸城の新政府軍への明け渡し、徳川慶喜の水戸での謹慎などが合意され、十五日に予定されていた江戸総攻撃は中止される。このあたりの経過は岩下哲典《てつのり》氏の研究に詳しい。

その後も条件の細部について交渉が続けられ、四月四日に東海道先鋒総督の橋本実梁《はしもとさねやな》から正式に通告された降伏条件では、軍艦引き渡しに関していったん全ての軍艦を差し出し、徳川家へ新たに与えられる予定の所領に相応した分をあらためて差し戻すことになっていた。

一方、海軍方では陪臣身分で出役勤務をしていた士官たちが次々と出身藩へ引き揚げられていた。諸藩からの御役御免願に記された理由は本人の病気であったり、家中の江戸引き払いであったりとさまざまだが、もはや諸藩が家中有為の人材を海軍方へ差し出しつづける意義を見出せなくなったということであろう。こうして海軍方の解体が穏やかに進んでいくかに思われた。

消えた海軍総裁

この軍艦引き渡しに同意しなかったのが海軍副総裁の榎本である。江戸城が新政府軍へ明け渡された四月十一日、榎本は指揮下の艦船を挙げて品川沖を発し、館山《たてやま》沖へ碇泊した。徳川家軍事取扱たる勝の命によらない勝手な移動であり、艦隊脱走とも言うべき規律違反である。海軍方のトップは矢田堀鴻であり、副総裁の榎本はあくまでその次席だが、海軍方艦船は榎本が掌握していたようである。兵庫港封鎖、阿波沖海戦、大坂撤退における一連の指揮ぶりが、海軍内で榎本を事実上のリーダーに押し上げていたのである。ただし、館山沖に脱走した艦船は十七日に品川沖へ帰投し、二十八日には「観光」「富士山」「翔鶴」「朝陽」の四隻が新政府軍へ引き渡された。勝や山岡の説得に榎本が応じた、いや、館山脱走自体が勝と榎本が連係して行った新政府軍への示威行動だったなど、さまざまな説があるが真相はわからない。

この時点で榎本の手元には軍艦だけでも国内最強の「開陽」に「回天」「蟠龍」「黒龍」

「千代田形《ちよだがた》」（初の国産蒸気砲艦。一三八トン、スクリュー）が残されており、蒸気運送船、洋式帆船を加えると、二〇隻に達したが、榎本はその後も残余の艦船を引き渡さなかった。

海軍総裁の矢田堀は主家の恭順方針と榎本たち強硬派との板挟みに懊悩したものか、城中にも浜御殿の海軍所にも姿を見せなくなっていた。海軍総裁が消えたこの状況で誰が海軍方をまとめるのか。「咸臨丸」米国派遣での振る舞いや、士官たちが敬愛する木村喜毅の海軍建設計画を潰《つぶ》した経緯などから海軍で人望のない勝が、海軍方を掌握するのは望むべくもない。海軍方は本来の指揮系統を離れ、榎本個人に従う「榎本艦隊」へと変容しつつあった。

2　榎本艦隊の脱走

品川沖抜錨

榎本が艦船引き渡しを拒んでいる間にも状況は変わりつづけていた。慶応四年（一八六八）五月十五日には旧幕臣有志を中心に結成され上野の寛永寺に拠っていた彰義隊《しょうぎたい》が新政府軍と交戦し、一日で壊滅している。二十四日には徳川家の処分が決定し、御三卿田安《たやす》家から宗家を継承していた徳川亀之助《かめのすけ》（家達《いえさと》）が駿河を中心に七〇万石を与えられて新たに駿河府中《ふちゅう》藩を立藩した（府中は「不忠」に通じるとして明治二年六月に静岡藩と改称。以後、静岡藩で統一する)。家達このとき六歳。一三代将軍家定、一四代将軍家茂の又従弟《またいとこ》にあたり、家茂が死に臨んで後継者に指名した少年である。このときは困難な情勢で将軍職を継承するには幼少に過ぎると見送られたが、徳川家が政権を去った今となっては宗家を継承するのに支障はなかった。

榎本は八月九日に家達が駿河へ向けて東京(七月十七日に江戸から改称)を出発したのを見届けると、八月十九日の夜半に麾下《きか》の艦船を率いて再び品川沖を脱走、奥羽越列藩同盟《おううえつれっぱんどうめい》の盟主となっていた仙台藩へ向かった。品川再脱走時に榎本が率いていたのは、軍艦「開陽」「蟠龍」「回天」「千代田形」、蒸気運送船「長鯨丸《ちょうげいまる》」(九九六トン、外輪)、「神速丸」、帆走運送船「咸臨丸」「美加保丸」の八隻である。以後、榎本と行動をともにした艦船群を「榎本艦隊」と呼ぶこととしたい。

榎本はこの八隻のほか会津藩への物資輸送のため「順動丸」を越後方面へ、庄内藩支援のため「長崎丸二番」を出羽方面へ派遣しており、これとは別に第二次幕長戦争でも活躍した蒸気運送船「太江丸」と帆走運送船「鳳凰丸」が仙台藩へ貸与されていた。早い話、榎本は東北へ脱走した時点で二ケタの艦船を指揮下に収めていたことになる。

ここで筆者は「艦隊」という言葉を使った。ここまで筆者は複数の軍艦が同一海域で行動するだけで艦隊になるわけではないと何度か述べてきた。ではここではどうだろうか。館山沖への脱走、品川沖への帰投、軍艦四隻の引き渡し、越後・出羽方面への「順動丸」「長崎丸二番」派遣、そして再度の脱走と、榎本麾下の艦船は統一された意思の下に整然と行動している。この時点でフリート・アクションの真価が試される事態には至っていないものの、海軍方の艦船群は艦隊になりつつあったと筆者は評価している。

すり減る戦力

こうして品川沖を発した榎本艦隊だが銚子《ちょうし》沖で猛烈な暴風雨に襲われる。ここで艦隊は四散し各個に仙台を目指すことになった。多くの艦船は損傷しつつ自力航行を続けたが、「開陽」に曳航されていた「美加保丸」は暴風雨のなかで曳航索を断たれ、マストも折られて航行不能な状態で海岸へ吹き寄せられ、銚子の黒生《くろはえ》海岸で座礁、沈没した。「咸臨丸」はさらに遠く下田まで吹き流されるが、その後の運命は次項で見ていく。

実はこれに先立ち榎本は「順動丸」も失っていた。会津藩への武器、弾薬を輸送する任務に従事していた「順動丸」は箱館を経由して越後へ向かい、佐渡国の相川《あいかわ》港を経て寺泊《てらどまり》港（現在の新潟県長岡《ながおか》市）に入港する。折しも北陸方面に派遣されていた新政府軍の「第一丁卯《だいいちていぼう》」（長州藩船。一二三六トン、スクリュー）と「乾行《けんこう》」（薩摩藩船。五二三トン、スクリュー）が出雲崎《いずもざき》（現在の新潟県三島郡出雲崎町）へ寄港した際、旧幕府艦が寺泊港に入港中との情報を得て急行する。五月二十四日午前七時頃、両艦が寺泊沖に到着、「順動丸」は出港して脱出を図るが、前方を「乾行」、後方を「第一丁卯」に挟まれ砲戦に持ち込まれる。「順動丸」は逃れ得ないと見るや自ら海岸に乗り上げ翌日自爆した。これを寺泊沖海戦と呼ぶ。

なお、新政府でも幕府同様、軍艦の艦名から「丸」を除き「春日艦」といった風に呼称するようになっていたが、当時の史料では運送船でも「丸」を除いて呼称したり、軍艦でも「丸」を付けて記したりと、必ずしも統一されていない。

銚子沖で四散した榎本艦隊は「美加保丸」と「咸臨丸」を除いて八月二十四日から明治元年（慶応四年九月八日に改元）九月十八日にかけて相次いで松島《まつしま》沖へ入り、再び集結する。榎本艦隊にはここで「長崎丸二番」「太江丸」「鳳凰丸」が加わるが、今度は「長崎丸二番」を失う。

榎本は庄内藩救援のため「千代田形」と「長崎丸二番」を派遣し、両艦は十月七日に酒田《さかた》港（現在の山形県酒田市）へ到着するが、同月二十三日に台風に見舞われ両艦は港外へ逃れざるを得なくなった。艦船が台風や暴風雨の際に港内にいると激しい波浪で岸壁などの港湾施設と衝突し、船体を損なうためである。「千代田形」は無事港外へ逃れたものの、「長崎丸二番」は座礁して沈没の憂き目を見た。

入港中の艦船が台風に見舞われると港外へ出るのは現代でも同じで、台風避泊と呼ばれる。

私事でまことに恐縮であるが、二等海尉（外国海軍における中尉）のときに結婚した筆者は挙式がちょうど勤務地への台風最接近日と重なった。陸上勤務をしていた筆者に呼び出しはかからなかったが、艦艇に勤務していた同期の幾人かは緊急出航のため式を欠席することとなった。ちらほらと空席の目立つ式場で、民間人の友人から「お前の仕事大変だなあ」と同情されたのが懐かしい。

清水湊の惨劇

榎本艦隊が品川を発したとき「回天」に曳航されていた「咸臨丸」は、銚子沖で暴風雨に遭遇すると「回天」との衝突を避けるため曳航索を断ち、メインマストを切り倒して転覆を免れたものの、伊豆の下田港まで吹き流された。「咸臨丸」は河津《かわづ》港（現在の静岡県賀茂郡河津町）に避難していた「蟠龍」に曳航され、九月二日に静岡藩領の清水湊《しみずみなと》へ移動する。「蟠龍」は九月八日に仙台へ向け出港するが、船体をかなり損傷していた「咸臨丸」は艦砲をすべて取り外して修理を続けた。「咸臨丸」の艦齢はすでに一一年、米国派遣をはじめとする数々の航海を経て、前年に撤去された機関のみならず艦全体で老朽化が進んでいたのである。「咸臨丸」が出港できないでいるうちに、九月十八日に新政府軍の「富士山」「飛龍丸」「武蔵《むさし》丸」（三五〇トン、スクリュー）が清水湊へ入港する。「富士山」はかつての幕府海軍主力艦、「飛龍丸」は小倉藩船として小倉口の戦いに従軍した後、幕府、兵庫の廻船問屋嘉納《かのう》次郎作《じろさく》（講道館創始者嘉納治五郎《じごろう》の父）と所有者を変え、仙台藩の傭船となっていたところを浦賀で捕獲され新政府所属となっていた艦である。三艦から砲撃を加えられるなか、修理中であるのに加えて船将小林文次郎（一知《かずとも》。軍艦役並）以下多くの乗員が上陸中の「咸臨丸」に抗戦能力はなく、白旗を掲げて降伏した。しかし、「咸臨丸」に乗込んだ新政府軍兵士と「咸臨丸」乗員の間に衝突が起こり、小林の留守を預かる副長春山弁蔵《べんぞう》以下乗員二〇名あまりが殺害された。遺体は海に投げ込まれ、地元の俠客山本長五郎《ちょうごろう》（清水次郎長《しみずのじろちょう》）が収容して供養するまで港内は遺体と血潮で凄惨《せいさん》な状況になっていたという。

春山弁蔵は浦賀奉行所同心から長崎海軍伝習に選抜された古参の海軍士官で、国産洋式帆船「鳳凰丸」や国産蒸気軍艦「千代田形」の建造に参加した有能な造船技術者でもあったが、明治日本で才能を発揮することなく非命に斃《たお》れ、「咸臨丸」に乗り組んでいた弟鉱平も兄と運命をともにした。こうして榎本は新政府軍に対する圧倒的な海軍力を活《い》かせないまま貴重な戦力をすり減らしていく。

3　箱館戦争

蝦夷地平定作戦

松島沖に入り奥羽越列藩同盟と合流した榎本艦隊だが、ここも安住の地とはならなかった。新政府軍が奥州街道を掌握するなど、品川再脱走の時点で同盟軍の劣勢は明らかになっており、明治元年(一八六八)九月十五日には仙台藩が新政府軍へ降伏、榎本は身の置き場を失う。榎本はなお抗戦を望む同盟軍の敗残兵を収容し、十月十二日に石巻《いしのまき》南東の折《おり》ノ浜《はま》を出航、盛岡藩領宮古《みやこ》湾(現在の岩手県宮古市付近)で薪を補給して蝦夷地へ向かった。榎本艦隊は石炭を入手する手段を失っていたのである。

榎本艦隊に乗り込んだのは大鳥圭介《けいすけ》(元歩兵奉行)、古屋佐久左衛門《さくざえもん》(元歩兵差図役頭取)、土方歳三《ひじかたとしぞう》(元新選組副長)らが率いる徳川家脱走部隊(伝習隊、衝鋒隊《しょうほうたい》、遊撃隊、彰義隊など)、仙台藩の洋式部隊額兵隊《がくへいたい》など約二五〇〇名。元老中の板倉勝静、小笠原長行、元京都所司代の松平定敬らの大名、初代軍艦奉行で元若年寄の永井尚志らの高級幕吏も榎本艦隊に身を投じた。陸軍力を加えた今、これからは彼らを榎本軍と称することとしたい。

十月二十一日に榎本軍は箱館の北北西四〇キロメートルに位置する鷲《わし》ノ木《き》へ上陸、箱館へ南に直進する部隊を大鳥圭介が、海岸沿いに進む部隊を土方歳三が指揮して進撃を開始した(図4-1)。二十五日には「回天」「蟠龍」が箱館港に入り、陸戦部隊が上陸して弁天台場などを占領して陸軍部隊を支援、翌二十六日に大鳥隊が箱館の洋式城郭五稜郭《ごりょうかく》を占領した。

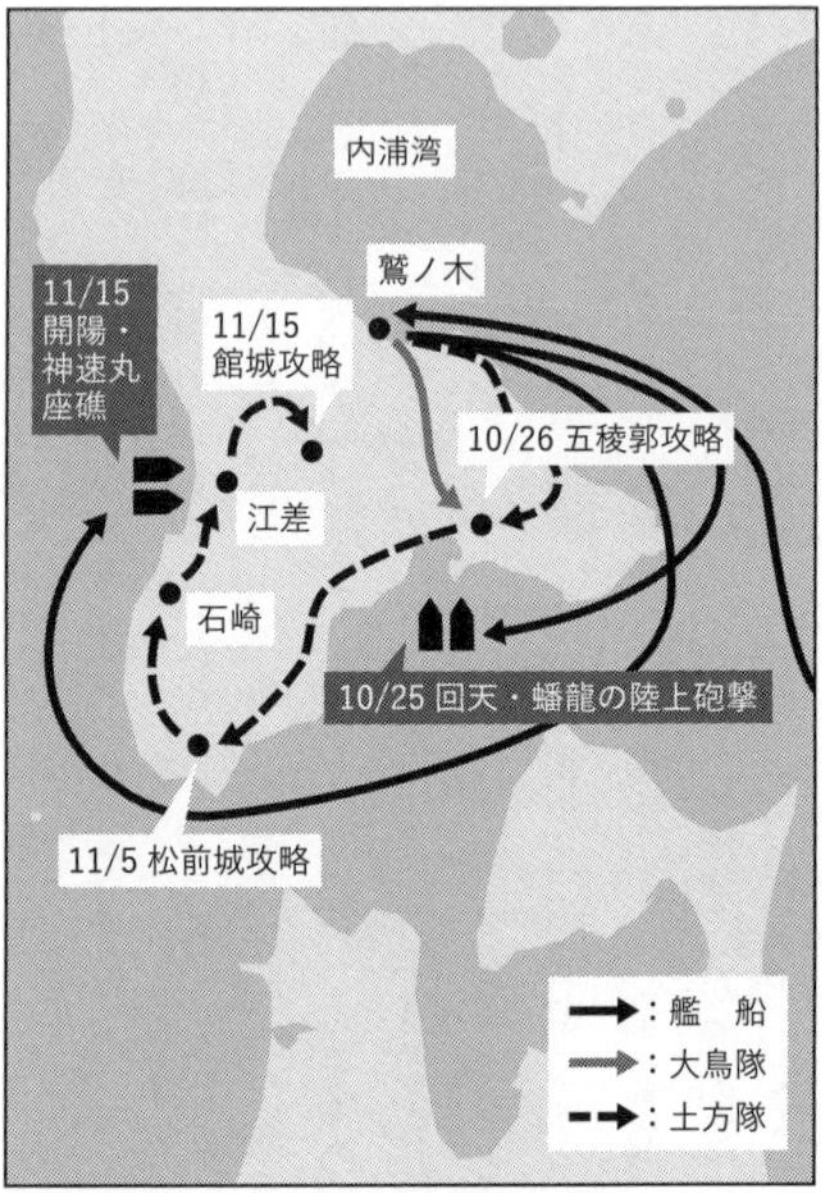

図4－1　榎本軍の蝦夷平定作戦
出所：大山柏『戊辰役戦史』補訂版、下巻より作成

二十七日には新政府軍の秋田藩所有の蒸気船「高雄《たかお》」（三五〇トン、スクリュー）が箱館失陥を知らずに入港して榎本軍に拿捕《だほ》される。「高雄」は「第二回天」と改名されて榎本軍の戦力に組み込まれた。

十一月に入ると土方隊が松前《まつまえ》城攻略に乗り出す。「回天」「蟠龍」が交互に福《ふく》山《やま》へ派遣されて砲撃支援を行い五日に松前城（福山城）は陥落したが、「回天」は激しい波浪のため進退自由ならず効果的な砲撃支援を行えなかった。蝦夷の海は厳しい冬の訪れを迎えていたのである。

蝦夷地では慶応四年五月一日に箱館奉行杉浦兵庫頭勝誠が新政府への奉行所明け渡しを完了させており、新政府の蝦夷地統治が始まっていた。読者諸賢はもうお気づきだろうが、杉浦は目付として将軍徳川家茂の海路上洛に従い、各艦の行動をつぶさに記録していた杉浦兵庫頭その人である。この頃には勝静から勝誠へ名乗りを改めており、維新後さらに誠と改名している。あるいは漢詩に造詣の深い方には梅潭《ばいたん》という号のほうがなじみ深いかもしれない。

部下の動揺を抑えた能吏杉浦の下で業務引き継ぎは円滑に行われ、五稜郭内に置かれていた箱館奉行所は新政府の箱館裁判所に改められた。裁判所総督に着任したのは二十四歳の青年貴族清水谷《しみずだに》公考《きんなる》である。箱館裁判所はほどなく箱館府と改称され、清水谷が引きつづき知事となって蝦夷地統治にあたったが、一〇〇名ほどの直轄兵力（府兵）しか持たない箱館府に榎本軍を迎え撃つ力はなかった。清水谷は十月二十五日未明に秋田藩船「陽春《ようしゅん》」（五三〇トン、スクリュー）で青森へ逃れた。困難な立場に置かれたのが松前藩である。松前藩は松前城の他に新たな防衛拠点館《たて》城を築いていたが、十一月の半ばまでに両城をはじめ全ての拠点を土方隊に攻略され、藩主松前志摩守徳広《のりひろ》とその家族は津軽《つがる》藩へ逃れる。病身の徳広は避難先の弘前《ひろさき》で没し、明治二年一月に五歳の嫡男勝千代（修広《なかひろ》）が家督を相続した。

十二月十五日に榎本は五稜郭で蝦夷地平定を宣言し、士官以上の選挙で総裁に榎本が、副総裁に松平太郎（元陸軍奉行並）が選出された。榎本は陸軍奉行に大鳥圭介を、海軍奉行に荒井郁之助《いくのすけ》（元軍艦頭）を任命して陸海軍を司らせるとともに、沢太郎左衛門を開拓奉行に任じて人員二五〇名と運送船「長鯨丸」を付して室蘭《むろらん》へ派遣、蝦夷地開拓に乗り出した。これを「蝦夷共和国」と呼ぶ書籍もあるが、榎本の構想は禄を失った徳川家臣のため朝廷から蝦夷地を賜り、徳川家公子の一人を戴いて北方防衛と開拓にあたるというものであり、共和制国家を目指していたわけではない。本書では「蝦夷政権」と呼ぶにとどめておく。

こうして生まれた蝦夷政権であるが、実はこの間に榎本は回復不能なダメージを蒙っていた。

暗転

話を蝦夷地平定作戦に戻す。榎本は土方隊支援のため旗艦「開陽」を江差《えさし》へ派遣する。十一月十五日には館城が陥落するが、その晩「開陽」が荒天のため江差沖で座礁してしまう。「回天」と「神速丸」が「開陽」を救助するため急派されるが、「開陽」の離礁には失敗し、逆に「神速丸」が座礁する結果となった。荒ぶる海に船体を破られた「開陽」と「神速丸」はそのまま沈没、榎本軍は戦わずして二隻の蒸気艦を失った。

一方、新政府は反攻準備を着々と進めていた。青森へ脱出した清水谷公考は青森口総督に任じられてこの地に留まり、山田市之允《いちのじょう》（顕義《あきよし》。長州藩士）が青森口陸軍参謀として実質的な兵の指揮にあたり、四月に入ると海軍参謀も兼任した。

山田は長州藩の洋式兵学者大村益次郎《ますじろう》の門人で、第二次幕長戦争以来数々の戦闘で活躍し

表４－１　新政府軍反攻開始時における両軍の海軍力

		艦名	排水量	推進方式	備考
榎本軍	残存艦	回天	1678トン	外輪	
		蟠龍	370トン	スクリュー	
		千代田形	138トン	スクリュー	明治2年4月29日座礁、離礁後、新政府軍が捕獲
		長鯨丸	996トン	外輪	榎本軍の蝦夷平定後、室蘭に配備
		太江丸	510トン	スクリュー	幕府から仙台藩への貸与艦。仙台で合流
		鳳凰丸	不明	帆走	幕府から仙台藩への貸与艦。仙台で合流
	喪失艦	美加保丸	800トン	帆走	慶応4年8月26日銚子で座礁、沈没
		咸臨丸	625トン	帆走	明治元年9月18日清水港で新政府軍が捕獲
		長崎丸二番	341トン	スクリュー	明治元年10月23日酒田沖飛島で座礁、沈没
		開陽	2590トン	スクリュー	明治元年11月5日江差沖で座礁、沈没
		神速丸	250トン	スクリュー	開陽救援中、江差沖で座礁、沈没
		第二回天	350トン	スクリュー	秋田藩船高雄。明治2年3月25日宮古湾海戦後、自ら擱座、放棄
新政府軍		甲鉄	1358トン	スクリュー	幕府が米国へ発注。横浜回航後、新政府が購入
		春日	1015トン	外輪	薩摩藩船
		陽春	530トン	スクリュー	秋田藩船
		第一丁卯	236トン	スクリュー	長州藩船
		戊辰	518トン	スクリュー	徳島藩船。宮古湾海戦で損傷後、東京へ回航
		豊安丸	473トン	外輪	広島藩船
		飛龍丸	590トン	スクリュー	仙台藩傭船。慶応4年5月23日浦賀で捕獲
		晨風丸	100トン	スクリュー	久留米藩船。明治2年4月12日竜飛崎？で座礁、沈没
		朝陽	300トン	スクリュー	幕府献納艦。明治2年4月15日青森到着
		延年	700トン	スクリュー	佐賀藩船。明治2年5月10日青森到着

出所：「赤塚源六北地日記」、伊藤之雄編著『維新の政治変革と思想』第6章、大山柏『戊辰役戦史』補訂版、下巻などより作成

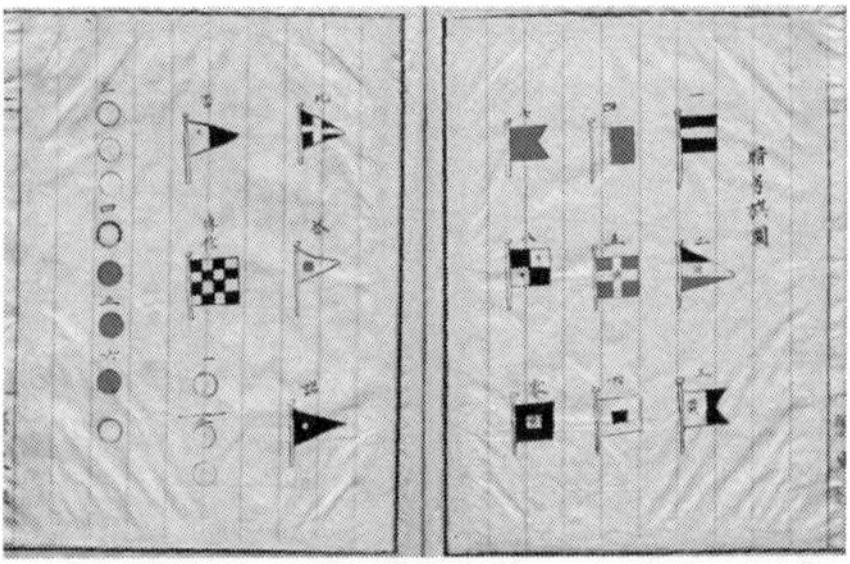

新政府海軍の旗旒信号
出所：「赤塚源六北地日記」
所蔵：国立公文書館

てきた用兵巧者である。明治二年二月二十八日には新たに黒田了介《りょうすけ》（清隆《きよたか》。薩摩藩士）が参謀に加えられ、東京から青森へ向かっている。

明治二年一月の段階で青森口の新政府軍は、陸上兵力で約三〇〇〇人、海上からは三月十八日から二十日にかけて海軍参謀増田虎之助《とらのすけ》（明道。佐賀藩士）が率いる艦隊が宮古湾へ到着する。増田は佐賀藩の派遣学生として長崎海軍伝習に学んだ人物である。艦隊は新政府軍本営が置かれた青森の北方に位置する三厩《みんまや》（現在の青森県東津軽郡外《そと》ヶ《が》浜町《はままち》）を根拠地とした。

さて、榎本艦隊に続いて筆者はここでも艦隊という言葉を用いた。この戦いに参加した薩摩藩船「春日」の船将赤塚源六の日記には備忘のためであろうかさまざまな旗旒信号が記され、新政府海軍の各艦が艦を航行させせながら、僚艦と意思疎通を図っていた様子が記されている。日本に艦隊、そしてフリート・アクションが生まれつつあった。

この時点で両軍の海軍力は榎本軍六隻に新政府軍八隻。榎本軍が主力艦「開陽」を失っていたのに対し、新政府軍は小野友五郎がアメリカで買い付けたものの、戊辰戦争勃発を受け局外中立を宣言したアメリカが横浜へ留め置いていた「ストーンウォール」（一三五八トン、スクリュー）を獲得していた。「ストーンウォール」は南北戦争中に南軍がフランスに発注した軍艦で、一八六四年竣工の新鋭艦である。備砲三門と少なめだが、砲郭（砲塔が発明される前まで軍艦で使用されていた砲座）にはレールが敷設され、砲を突き出して旋回させることで広い射界を得られた。木造の船体には装甲板が貼り付けられ、その上にさらに装甲を施す複合装甲を採用しており、榎本軍はその高い防御力に苦しめられることとなる。

新政府は「ストーンウォール」を「甲鉄《こうてつ》」と命名して海軍に編入した。榎本軍の「開陽」喪失と新政府軍の「甲鉄」取得により、榎本は新政府軍の反攻を前に海上優勢を失っていたのである。

宮古湾海戦

榎本軍は新政府軍の反攻に備えて次のとおり各要衝に兵を配置して防御態勢を構築した。

　五稜郭：総裁榎本武揚以下五百余名
　箱　館：箱館奉行永井尚志以下三百余名

松　前：松前奉行人見勝太郎《ひとみかつたろう》（元遊撃隊士）以下三百余名
江　差：江差奉行松岡四郎次郎《しろうじろう》（元撤兵頭並）以下五百余名

この他、内浦湾《うちうら》の海岸沿いに古屋佐久左衛門以下四百余名、五稜郭から松前にかけて星恂太郎《じゅんたろう》（仙台藩士。額兵隊長）、菅沼三五郎《すがぬまさんごろう》（旧幕臣。彰義隊幹部）、諏訪常吉《すわつねきち》（会津藩士で結成された会津遊撃隊隊長）らの諸将が指揮する七百余名が配置された。

さらに榎本軍は海軍力の劣勢を一気に挽回するための奇策に出る。新政府軍の主力艦「甲鉄」が宮古湾へ入ったとの情報を得ると、榎本軍は「回天」「蟠龍」「第二回天」の三隻から成る奇襲部隊を編成し、「回天」に座乗する海軍奉行荒井郁之助が指揮を執った。その目的は「甲鉄」奪取にあったが、爆破が目的だったという説もある。奇襲作戦はまずスクリュー艦の「蟠龍」「第二回天」が「甲鉄」の両舷に横づけして移乗白兵戦を仕掛け、その間、外輪艦の「回天」は他艦を攻撃して回るというものであった。

三月二十日夜半、奇襲部隊は箱館を出港し二十二日に鮫港《さめ》（現在の青森県八戸市《はちのへ》）へ入港するが、その後、激しい風浪のため部隊は四散する。「回天」と「第二回天」は会同に成功したものの「蟠龍」は合流を果たせず、やむを得ず単艦鮫港へ引き返した。一方「回天」と「第二回天」は「蟠龍」との会同を断念して二隻での宮古湾突入を決心する。しかし、「第二

「回天」の機関が故障したため、当初「甲鉄」以外の敵艦を攻撃する予定だった「回天」が「甲鉄」へ接舷し、「第二回天」が他艦を攻撃する作戦に変更された。

二十五日午前五時頃、「回天」はアメリカ国旗をマストに掲げて新政府軍の警戒を解きながら宮古湾へ進入し、湾内に入ると幕府が日本艦船の国籍標識として制定した日章旗を掲げ直して「甲鉄」に横づけした。これを偽旗《ぎき》と言い、直接の戦闘行動を伴わなければ海戦法規上は合法というのが当時の戦時国際法の一般的な考え方だった。ただし、偽旗を掲げたまま戦闘を行った場合は重大な海戦法規違反と見なされる。ヨーロッパでは偽旗を用いて戦闘に及び、敗北して捕虜となった艦長が自身の剣を折られる辱《はずかし》めを受けた例がある。

実はこの偽旗の考え方は現代の戦時国際法にも継承されている。筆者は東京目黒《めぐろ》の海上自衛隊幹部学校で短期間の幕僚教育を受けた際に国際法の講義でこの話を聞き、二一世紀の海戦法規の講義に箱館戦争の話が出てきたのに驚いたものである。

しかし、外輪艦の「回天」は「甲鉄」にきれいに横づけできず、艦首が「甲鉄」の左舷へ乗り上げる形となった。なおかつ「回天」は「甲鉄」より乾舷《かんげん》（水面から上甲板までの高さ）が三メートルほど高く、一人二人と「回天」から飛び降りる体《てい》で移乗白兵戦を仕掛ける形となり、短時間で「甲鉄」を制圧する作戦計画は大きく狂ってしまった。

榎本軍の奇襲に最も早く対応したのは「春日」である。「春日」座乗の黒田了介参謀は榎

甲賀源吾
出所：石橋絢彦『回天艦長
甲賀源吾傳』所収

本軍の奇襲を警戒しており、「回天」の宮古湾突入に速やかに対応できた。「春日」と薩摩兵が乗り込んでいた「戊辰」の二艦が「回天」へ小銃射撃を加え、さらに態勢を立て直した「甲鉄」の反撃が激しくなると「回天」の被害も大きくなり、船将の甲《こう》賀《が》源吾《げんご》（元軍艦頭並）が腕、胸、頭を撃ち抜かれて戦死する。甲賀は遠江国掛川《かけがわ》藩の出身で、矢田堀鴻に航海術を学んだのち幕府海軍の士官となり、「朝陽」や「回天」の船将として活躍した人物である。荒井は作戦続行を断念し、自ら操舵して戦場を離脱した。この間三〇分ほどの戦闘であった。

なお、当時「春日」に乗り組んだ薩摩藩士のなかに東郷平八郎という若者がいた。彼は海軍提督として世界的な名声を得た後もこのときの甲賀の勇姿を忘れず、賛辞を惜しまなかったという。

「第二回天」も箱館への帰投を試みるが、機関を故障している「第二回天」は敵艦の追撃を振り切れず、船将の古川節蔵《せつぞう》（のち正雄《まさお》）は艦を羅賀《らが》浜（現在の岩手県下閉伊《しもへい》郡田野畑《たのはた》村）に擱座《かくざ》させ、古川以下の乗員は陸上へ逃れたのち降伏した。「第二回天」を発見した「春日」「甲鉄」「陽春」は最初砲撃を加え、艦内が無人であると知るや捕獲、焼却した。「蟠龍」は鮫港から南下中に宮古湾から撤退する「回天」に遭遇して奇襲失敗を知り、箱館へ針路を転じる。「蟠龍」も新政府艦の追撃を受けたが、船将松岡磐吉《ばんきち》（元軍艦頭並）の冷静な指揮により「回天」とともに無事箱館へ帰投を果たす。松岡は長崎海軍伝習に学び二十歳で「咸臨丸」の太平洋横断航海に参加、第二次幕長戦争では「太江丸」を指揮して大島口、小倉口の激戦を経験していた。このときの松岡の指揮ぶりを、「蟠龍」に乗り組んでいた林董三郎《とうざぶろう》（のち董《ただす》。第一次西園寺公望《さいおんじきんもち》内閣で外務大臣、第二次西園寺公望内閣で逓信大臣）が明治四十二年に次のように回想している（『史談会速記録』第二〇三輯）。

松岡磐吉
出所：『幕末名家寫眞集』第［1］集（国立国会図書館デジタルコレクション）

松岡は「甲鉄」の追撃をかわせないと見るや移乗白兵戦を決意し、乗員へ接舷するまで甲板に伏せ、自分が合図をしたら「甲鉄」へ飛び乗るよう指示した。それから松岡は顔を洗ってシャツなどを着替え、「今日は死ぬ積《つも》りだから、船長（ママ）として見苦しくない様にシャレて居《い》ます」と冗談を言っているうちに、浮き足立っていた乗員も落ち着きを取り戻した。そうするうちに風が変わり、松岡は機を逃さず帆を展張して「甲鉄」を振り切った。

　このように、第二次幕長戦争以来、実戦経験を重ねてきた将兵たちが、能力、胆力の限りを尽くして戦ったのも箱館戦争の特徴である。新政府軍のほうは「回天」の砲撃により「戊辰」が損傷し、負傷兵を搭載して戦線を離脱した。この一連の戦闘を宮古湾海戦と呼んでいる。

　こうして榎本軍が仕掛けた奇襲は失敗に終わったが、三隻を一つの戦術単位として有機的に用いて戦闘を試みたのは、日本の近代海軍史上、この宮古湾海戦がはじめてである。旗旒信号を用いた新政府海軍の艦隊単位の行動、そしてこの榎本軍の奇襲作戦と、日本の海軍は明らかに新たな段階を迎えつつあった。

箱館湾海戦

四月六日、新政府軍の第一陣二〇〇〇名あまりは、「飛龍丸」「豊安丸」（四七三トン、スクリュー）、雇い入れた二隻の外国商船に分乗して青森を出港する。「甲鉄」「春日」「陽春」「第一丁卯」が護衛にあたったほか「晨風丸」を通報艦に充てて榎本軍の襲撃に備えた。諸艦は濃霧のため陸奥湾と津軽海峡を結ぶ平舘《たいらだて》海峡で碇泊したのち、四月九日に乙部《おとべ》（現在の北海道爾《に》志《し》郡《ぐん》乙部町）へ上陸した（図４‐２）。心配された海上での襲撃は起きず、ひとまず新政府軍を安堵させた。

榎本軍は江差から三木軍司《ぐんじ》を将とする旧幕府歩兵（兵力は諸説あり）を差し向けるが、新政府軍の上陸阻止に失敗する。正午頃に上陸を完了した新政府軍は江差と二股《ふたまた》（現在の北海道北斗《ほくと》市）の両方面に分かれて進撃を開始、江差方面では海上からの砲撃支援を受ける新政府軍が榎本軍の抵抗を排除し、九日のうちに江差を陥落させた。これにより新政府軍は江差への直接上陸が可能となり、十二日に第二陣が、

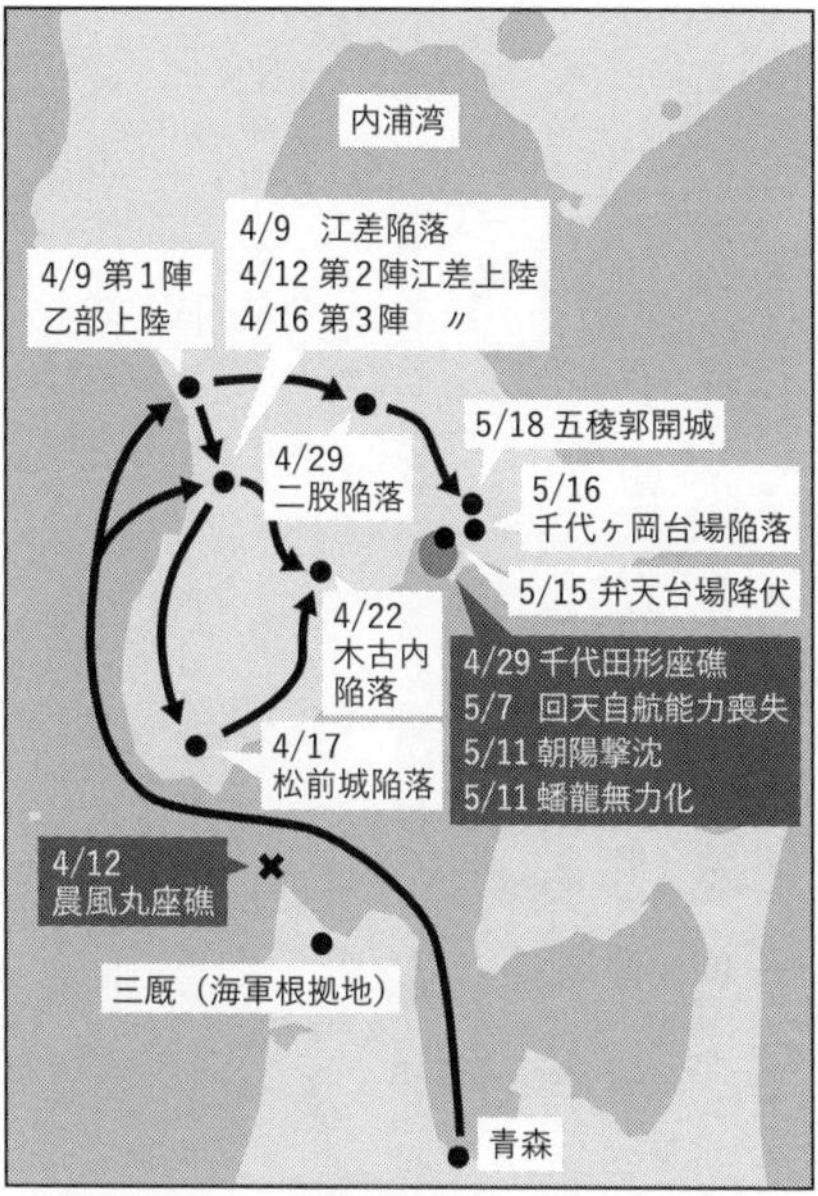

図４‐２　新政府軍の反攻
出所：大山柏『戊辰役戦史』補訂版、下巻より作成

十六日に第三陣がそれぞれ江差に到着した。兵力、武器、弾薬の上陸地点が敵の拠点に近づけば、当然ながらその分味方の進撃は容易になる。十七日には「甲鉄」「春日」「陽春」「第一丁卯」「朝陽」の砲撃と陸上からの猛攻を受け松前城が陥落、二十二日には木古内《きこない》（現在の北海道上磯《かみいそ》郡木古内町）も新政府軍の手に落ちた。二股口は守将土方歳三が新政府軍の攻撃を退けていたが、松前、木古内の失陥で箱館への連絡を絶たれる危険が出てきたため、四月二十九日、夜陰《やいん》に紛れて五稜郭へ撤退した。箱館戦争の最終章となる箱館攻防戦が始まろうとしている。

新政府軍の上陸に際し、榎本軍の諸艦は敵の箱館近傍への上陸に備えて箱館湾内に待機していた。新政府軍が敵艦の妨害を受けず乙部へ上陸できたのはこのためである。

新政府軍の上陸後、木古内方面を警戒、偵察する新政府艦が四月十九〜二十日に「回天」「蟠龍」と遭遇するが、いずれも本格的な海戦には至らなかった。榎本艦隊は箱館湾内で弁天・千代ヶ岡の両台場と連係する戦術を取り、湾外での冒険的な戦闘を避けていたのである。

二十四日には新政府艦隊が箱館湾口に集結して箱館攻撃を行い、榎本軍は弁天台場と「回天」が連係して応戦した。特に「回天」は弁天台場の陰に艦を巧みに寄せて敵弾を避けながら砲撃する手練を見せた。午前八時に始まったこの戦闘では新政府艦隊が湾内での水雷敷設を警戒して深入りせず、午後三時に攻撃を中止して三厩へ帰投した。

水雷は水中を自走する魚雷、水上から水中へ投下する爆雷、水中に敷設する機雷、長い竿《さお》の先に装着した爆弾で敵艦の水線下を突いて爆発させる外装水雷に分かれるが、新政府軍が警戒したのは後者の二つである。機雷はクリミア戦争、外装水雷は南北戦争で登場し、その強力な破壊力で船乗りたちに恐れられた。日本では文久三年（一八六三）の薩英戦争において、戦果は上がらなかったものの薩摩藩がイギリス艦隊に対して機雷三個を敷設している。薩英戦争への従軍経験を持つ黒田了介や赤塚源六が高級幹部となっている新政府軍としては、当然敵の水雷を警戒するところだろう。

榎本軍は残された艦船のうち戦闘力を持つ「回天」「蟠龍」「千代田形」を駆使して箱館湾の守りを固めるが、二十九日夜に「千代田形」が弁天台場付近で座礁してしまう。船将の森本弘策《こうさく》はパニックに陥ったのか、乗員の反対を押して「千代田形」放棄を決断、機関を破壊し、火門（大砲の点火口）に釘《くぎ》を打ち使用不能にした上で総員退艦した。果たして満潮になると「千代田形」は自然に離礁して翌日新政府軍に捕獲された。新政府軍は四月十二日に座礁、沈没していた「晨風丸」の乗員を乗り組ませて戦力化する。「千代田形」喪失は榎本軍にとり痛恨のミスであった。榎本はよほど口惜しかったのだろう、森本を兵卒に降格する処分を下している。

乙部上陸以来、進撃する陸軍部隊への砲撃支援を行っていた新政府艦隊は、榎本軍が五稜郭周辺に追い込まれていくにつれ作戦正面を箱館湾口に集中できるようになり、五月に入ると箱館湾を舞台に連日のように戦闘が繰り広げられた。榎本軍もあらゆる手段で抵抗し、五月四日には「春日」が湾内に張られた進入防止用の綱にかかり、六日まで新政府軍は湾内の綱を切断する作業に追われた。「春日」船将の赤塚源六は「蟠龍」を脱走した水夫から場所不明ながら榎本軍が湾内に水雷を敷設しているとの情報も得ており（「赤塚源六北地日記」）、新政府軍は湾内への不用意な進入を避けなければならなかった。

　五月七日の戦闘では「甲鉄」の砲弾が「回天」の機関に命中し、「回天」は航行の自由を失った。戦死した甲賀源吾に代わって「回天」を指揮する荒井郁之助は、艦を浅瀬に擱座させて浮砲台とし、艦砲を海に面した舷側に集めて戦いつづけた。

　箱館湾海戦のハイライトとなったのが五月十一日の戦闘である。午前三時に行動を開始した新政府軍は五稜郭周辺に布陣する榎本軍を次々に撃破して五稜郭へ追い詰めていく。新政府艦隊も払暁《ふつぎょう》前から行動を開始し、「陽春」が大森浜の榎本軍を砲撃、榎本軍は一本木《いっぽんぎ》関門《かんもん》へ退いて防戦を試みるも敗れて五稜郭へ敗走、この戦闘で土方歳三が戦死した。

「飛龍丸」「豊安丸」は敵の後背に位置する箱館山から箱館市中を一気に陥れる黒田参謀の上陸作戦に参加し、守将永井尚志以下を弁天台場へ追い込んだ。浮砲台となって戦っていた「回天」は、箱館市中が新政府軍の手に落ちるに及んで総員退艦して五稜郭へ入城する。その後、「回天」は新政府軍によって放火され、第二次幕長戦争以来の戦歴に終止符を打った。

箱館湾では「甲鉄」「春日」が弁天台場攻略部隊を援護、「第一丁卯」「朝陽」が弁天台場、「蟠龍」と交戦していたところ、七時二十五分頃、「蟠龍」の放った一弾が「朝陽」の火薬庫に命中、「朝陽」は大爆発を起こして轟沈《ごうちん》した（轟沈の時間はほかにも六時、八時、九時と諸説ある）。「朝陽」では副長夏秋又之助（佐賀藩士）以下五一名が戦死し、船将の中牟田倉之助《なかむたくらのすけ》（佐賀藩士。長崎海軍伝習出身）以下二〇名あまりが重軽傷を負った。近代日本海軍史上、軍艦が軍艦を撃沈した最初の例である。敵艦撃沈に榎本軍の士気は大いに上がったが、榎本軍に残る唯一の軍艦となった「蟠龍」には新政府艦隊の攻撃が集中し被弾が相次いだ。「蟠龍」は回天の近くへ艦を擱座させ浮砲台となって戦いつづけたが、いよいよ全弾を撃ち尽くすと機関を破壊して総員退艦し、船将松岡磐吉以下の乗員は弁天台場へ入った。

十五日には新政府軍に包囲された弁天台場が降伏し、新政府軍の降伏勧告を拒絶した千代ヶ岡台場は翌十六日の攻撃で陥落する。千代ヶ岡台場の守将中島三郎助は長崎海軍伝習に学んだ最古参の海軍士官である。新政府軍への投降を拒み二人の息子とともに戦死した。駿府に残された末子与曽八《よそはち》はこのとき二歳、佐々倉桐太郎ら父の僚友たちの庇護を受け、長じて亡父の跡を継いで海軍に進み機関中将に至る。

五稜郭に追い詰められた榎本は降伏勧告を拒否するが、重ねての勧告についにこれを受け

表4－2　慶応4年5月初頭における榎本の選択肢

	行動	利点	欠点
A	恭順方針の遵守	徳川家の方針と一致 徳川家の軍事資源（施設、物資）が利用可能	徳川家処分決定後の艦船差し戻しは不透明
B	奥羽越列藩同盟への合流	陸上勢力の支援が可能 同盟勢力下の商港からの物資確保が可能	同盟維持には徳川家処分決定前の脱走が必要 →処分内容への悪影響
C	蝦夷地での自立	長期的には開拓、交易により物資確保が可能	箱館府の屈服が前提 根拠地整備のための時間が必要

入れ、十八日に五稜郭を開城した。榎本軍の鷲ノ木上陸以来、約七ヶ月にわたって繰り広げられてきた箱館戦争はこうして幕を閉じた。

榎本はどこで間違えたか

人が歴史を学ぶにあたって最も慎むべきは全ての情報、全ての結果を知る全知全能の神となり、当時の人々を断罪する態度であると筆者は考えている。

その人がどのような立場に置かれていたのか、知り得ていた情報はどこまでだったのか、与えられていた選択肢は何だったのか、何を目指してそう決断したのか、それらを時には我が身に置き換えて考えてみる。筆者は折にふれて勤務校の学生にその重要性を説いている。

その上で、榎本が敗者となったのは果たして歴史の必然だったのか、神の視点にならないよう気を付けながら考えてみたい（表4－2）。

奥羽越列藩同盟が成立した慶応四年（一八六八）五月初頭に時計の針を戻してみよう。事実として述べることができ、なおかつ恐らく榎本自身も認識していた前提条件は次のとおりである。

・海軍方は榎本が掌握しており、その意に反して行動する艦はない。
・徳川家処分がどのようなものになるか、情勢は予断を許さない。
・奥羽越列藩同盟は徳川家海軍の支援を望んでいる。
・関東、北越の戦況は新政府軍有利に進んでいるものの確定的ではない。

榎本が取り得た選択肢の一つ目が徳川家の恭順方針遵守である。榎本には不本意な選択肢だが、主家の方針と一致しているだけに行動の名分が最も立ちやすい。軍事的には徳川家が保有する品川、浦賀、そして横須賀で建設中の造修施設が利用可能となり、武器、弾薬、艦隊脱走後に榎本が確保に苦しんだ石炭も、幕府が構築した供給システムの恩恵に与《あず》かれる。ただし、この場合いったん全ての艦船を明け渡さなければならず、徳川家の新たな所領に応じて差し戻される約束の艦船がどれほどの数になるのか、そもそもこの約束は守られるか保証の限りではない。

筆者がこの話をすると「恭順すれば新政府と戦うこともないのだから、たとえ軍艦が戻されなくても関係ないではないか」という疑問を呈されることがある。たしかにこの翌年に戊辰戦争が終結し、さらにその数年後には大名と藩そのものが日本から消滅することを知っている私たちはついそう考えたくなるが、先ほど見たとおりこの時点での情勢はいまだ流動的である。一八世紀のプロイセン国王フリードリヒ二世の至言「武器のない外交は、楽器のない楽譜のようなもの」をここで持ち出すまでもなく、徳川家の新たな所領も含めて幕府瓦解後の新秩序が確定的なものとなっていない状況で、海軍力がどれだけ徳川家に残されるかは決して小さな問題ではない。また、別の視点で考えると、大名としての存続を許された徳川家は軍役上、遠からず決定されるはずの所領に応じた軍事力を保有しなければならない。新政府への恭順は必ずしも徳川家の完全非武装化を意味しないのである。

二つ目がただちに艦隊ごと脱走して奥羽越列藩同盟へ合流する選択肢である。これは榎本にとり政治的合理性のある選択であり、海軍力を欠く同盟軍を大幅に強化できるのみならず、榎本にとっても同盟の勢力下にある商港で物資を確保できる利点がある。これらの商港に造修機能は期待できないものの、補給機能を得られる点は大きい。さらに、同盟諸藩の領有する炭鉱から石炭を入手することもできる。

ただし、新政府軍が関東や北越で有利に戦いを進めつつあり、さらに東北を窺う現状にあっては同盟への合流はすぐ行う必要がある。他方、徳川家処分が決定されていない状況で榎本が艦隊ごと同盟へ身を投じれば新政府の徳川家への目は厳しいものとなり、徳川家処分への悪影響は避けられないだろう。

三つ目がただちに艦隊ごと脱走して蝦夷地へ直行する選択肢である。この時点で箱館奉行所から箱館府（現地では箱館裁判所と呼称）への業務引き継ぎが行われているが、新政府の蝦夷支配はまだ確固たるものとなっていない。榎本はまだ海軍入りする前の安政元年（一八五四）、箱館奉行堀織部正《おりべのかみ》利熙《としひろ》に従い蝦夷地・樺太《からふと》の巡視を経験しており、蝦夷地の潜在的な可能性を知っていた。禄を失う徳川家臣のため朝廷から蝦夷地を賜り、北方防衛・開拓に任じるという構想は早い段階から榎本の頭にあり、脱走に先立つ慶応四年閏四月二十七日に榎本は荒井郁之助と甲賀源吾を「回天」で箱館に派遣している。ただし、「回天」が箱館に到着した時点で箱館奉行所は新政府へ明け渡されており、「回天」は奉行所の吏員を乗せてすぐに江戸へ帰投している。

この場合、長期的には蝦夷地の開拓、箱館港での通商により物資確保が可能となるが、箱館府が平和裏《へいわり》に蝦夷地支配を明け渡す可能性は低く、実力で箱館府を屈服させなければならない。そうなると奥羽越列藩同盟と手を結ばずとも新政府との対決は不可避となる。さらにこの選択肢が機能するためには新政府の支配がまだ東北へ及んでいない現時点で脇目も振らず蝦夷地へ向かい、根拠地整備の時間を確保する必要がある。

それぞれに利点と欠点のある選択肢であり絶対的な正解はないが、榎本はこのどれも選ばなかった。榎本は五月二十四日に徳川家処分が下ってから三ヶ月近く品川沖に留まり、主君徳川亀之助（家達）が駿府へ出発するのを見届けて品川沖を脱走している。この時点で奥羽越列藩同盟の敗勢を覆す術《すべ》はなくなっており、榎本が松島沖で艦隊を再び糾合するのと前後して同盟の盟主仙台藩も新政府軍へ降伏、榎本艦隊の合流は政治的にも軍事的にも同盟に寄与しなかった。身の置きどころを失った榎本艦隊は蝦夷地へ向かう以外に選択肢がなくなり、追い込まれるように北を目指していった。この時点で榎本が敗者の側に身を置く運命は避けられないものとなっていたのである。なお、蝦夷地平定作戦で「開陽」を江差へ派遣していなければ、宮古湾で「甲鉄」奪取に成功していれば、そういった類の話は、戦略レベルのミスを戦術レベルの成功で挽回しようとする発想であり、あまり意味のある仮定ではない。

主家の行く末を見届ける、あるいは奥羽越列藩同盟の要請に応えるという政治的な判断に軍事的合理性が引きずられた結果、いくつかの選択肢が混然とした行動となり結局どの利点も生かせなかったという筆者の結論は、やはり神の視点になってしまうだろうか。

終　章　幕末から近代、現代へ

――一八六八年～

1　徳川家海軍から日本海軍への移行

幻の静岡藩海軍

榎本艦隊脱走後の徳川家海軍はどうなったのか。四〇〇万石を超える直轄財源（天領）と三五〇万石を超える家臣団の所領（旗本領）を擁する中央政府から、駿河・遠江・三河七〇万石の大名となった徳川家は、家臣団を整理し、軍事力を再編成する必要に迫られた。

俗に「旗本八万騎」と言う。江戸時代後期の旗本約五二〇〇、御家人約一万七四〇〇、その家臣（陪臣）を加えると約八万。中央政権であるとともに日本最大の封建領主だった徳川家の動員兵力は言うまでもなく諸大名を圧倒していた。幕末期には文久・慶応の軍制改革を経て庶民を兵卒（歩兵、水夫など）に徴募した洋式軍隊の組織も進められ、徳川家の軍事力は急速に膨張していった。このなかから徳川家が駿河での家臣団に選抜したのは約五四〇〇名。その他は朝臣となるか帰農商の道を選ばせることとした。例えば元軍艦奉行の木村喜毅は大きく所領を減じた主家に家禄の負担をかけないよう、徳川家を離れて武蔵国府中（現在の東京都府中市）に移住している。ただし、無禄でも構わないので駿河へ連れて行ってほしいと希望する者も多く、実際には約一万五〇〇〇名が主君の移封に従ったようである。

静岡藩の正規戦力五四〇〇名のうち陸軍方は約三四〇〇名。藩首脳部は新時代の到来を見据えながらさらに常備兵力の解体を進め、軍事資源を教育機能に集中させていく。これが明治二年（一八六九）一月に沼津《ぬまづ》城内で開校した徳川家兵学校である。沼津兵学校という通称の方が有名だろう。十四歳から十八歳までの家中の若者に兵学、地理、物理、化学、数学などを講じたこの学校は、頭取の西周《にしあまね》以下、静岡藩の洋学者や洋式兵学の教育を受けた陸海軍士官で教官陣を構成していた。このなかには矢田堀鴻（元海軍総裁）、塚本明毅《あきかた》（元軍艦頭並）、赤松則良（元軍艦役並。「咸臨丸」派米・オランダ留学組）ら海軍方六二名が教官、職員、生徒に組み込まれている。沼津兵学校は明治四年に兵部省へ移管され徳川家の教育機関としての役割を終えるが、この間に果たした役割も興味深い。詳細は樋口雄彦《たけひこ》氏の研究を参照されたい。

静岡藩は陸軍学校だった沼津兵学校のみならず海軍学校の設立も企図、明治元年十月に佐々倉桐太郎（元軍艦役。「咸臨丸」派米組）ら五〇名の教官を任命し、翌月には肥田浜五郎

（為良。元軍艦頭。「咸臨丸」派米組）も教官団に加わる。しかし、「富士山」以下の軍艦を新政府へ引き渡し、榎本艦隊が脱走した後、徳川家に残された艦船は蒸気運送船「行速丸《こうそく》」（二五〇トン、外輪）のみであり、実質的な活動のないまま明治二年一月に静岡藩庁は海軍局廃止を布達する。佐々倉、肥田は勘定方の下に設けられた運送方の頭取に任命され、「行速丸」による輸送任務に従事することとなった。こうして海軍以外の部署に振り分けられた海軍士官たちも短期間のうちに新政府へ登用されて藩を去り、静岡藩海軍は幻に終わった。

旧幕臣の新政府出仕

一方、明治政府の海軍では、人材の確保が急務となっていた。明治初期の海軍建設を担ったのが、薩摩藩出身の川村純義《すみよし》である。川村は薩摩藩城下小銃四番隊長として鳥羽・伏見の戦いから会津戦争まで各地を転戦し、戦功著しかった人物である。幕末期にはもっぱら陸戦で活躍した一方で、川村には薩摩藩から長崎海軍伝習へ派遣された薩摩藩海軍第一世代という一面もあった。川村は明治二年に海軍担当の兵部大丞《ひょうぶだいじょう》に任命され、以後、明治十八年に海軍卿《きょう》を退任するまでの一七年間、海軍建設に尽力しつづけた。

自ら長崎時代は「末席に居って聞書位《ききがきくらい》のことを遣《や》った」程度と語る川村に海軍の専門技能はなかったが、軍政に手腕を振るい長崎時代の人脈を生かして人材獲得に活躍する。川村は海軍振興のため兵部省を陸軍省と海軍省に分立することを政府の実力者大久保利通《としみち》（薩摩藩出身）に訴え、そのなかで海軍省を分立できれば勝安芳《やすよし》（海舟。維新後、義邦から改名）らの登用も容易になるだろうと自身の見込みを述べている。

明治五年二月に陸海軍省が分立すると川村は兵部少輔《しょうゆう》から海軍少輔へ転じる。明治二年七月に制定された太政官制における兵部省の職階は長官である卿、次官である大輔《たいふ》、少輔、その下に大丞《たいじょう》、権大丞《ごんのたいじょう》、少丞《しょうじょう》、権少丞《ごんのしょうじょう》と続いていくが、海軍省分立時には卿と大輔は欠員となっていた。陸軍省もこのときには卿を欠いており、山県有朋《やまがたありとも》陸軍大輔（長州藩出身）と川村海軍少輔がそれぞれ陸軍卿、海軍卿の事務を執るとされた。両省分立以前の兵部卿は仁和寺宮嘉彰親王、有栖川宮熾仁親王と相次いで皇族が任じられ、江戸時代も兵部卿となるのは親王が多かったことから、武士や公家出身の維新官僚を任じることに憚《はばか》りがあったものであろう。

川村純義
出所：『近世名士写真』其2（国立国会図書館デジタルコレクション）

陸海軍省分立から三ヶ月後の五月には川村の見込みどおり勝が海軍大輔に就任し、川村とコンビを組む。また、これは勝の海軍大輔就任前のことであるが、沼津兵学校で教鞭を執っていた赤松則良は勝の説得で明治三年に兵部省へ出仕している。明治六年に初代海軍卿となった勝のほかにも将官級へ昇った旧幕府海軍士官には榎本武揚（海軍中将。第三代海軍卿）、赤松則良（海軍中将。佐世保《させぼ》鎮守府・横須賀鎮守府司令長官）、肥田為良（海軍機関総監、次いで海軍機技総監）、渡辺忻三《きんぞう》（海軍機技総監）らがいる。第二章で紹介した測量巧者の柳楢悦（津藩士。長崎海軍伝習出身。初代海軍水路局長・海軍少将）を海軍に招いたのも川村である。ただし、榎本の場合はロシア公使に着任する際、外交官の肩書きとして海軍中将の階級を与えられたもので、海軍卿に就任したときは海軍を掌握できないまま短期間で退任している。

また、明治海軍と旧幕府海軍との関係で重要なのは高級幹部に昇った一握りの存在ではない。筆者は佐官・尉官クラスの実務層に旧幕府海軍士官が果たした役割を重視しているのだが、この点は後で詳しく見ていきたい。

近藤真琴の生き方

近藤真琴《まこと》は天保二年（一八三一）に鳥羽藩士の子として生まれた。通称は誠一郎《せいいちろう》。父が江戸詰めだった関係で江戸生まれである。近藤は村田蔵六《ぞうろく》（大村益次郎）に蘭学、兵学を、矢田堀景蔵、荒井郁之助に航海、測量を学び、自らも文久三年（一八六三）に鳥羽藩の江戸藩邸で蘭学塾を開いた。同じ年に鳥羽藩に藩籍を置いたまま軍艦操練所翻訳方出仕となり、軍艦組出役、諸組与力格を経て、幕府海軍解体時には軍艦役並見習一等出役の階級に進んでいる。近藤は、新政府が東京築地に開設した海軍操練所にも出仕し、自分の塾も操練所内に移設して攻玉塾《こうぎょくじゅく》と名づけた。現在は東京都品川区に校舎を構える攻玉社中学校・高等学校の前身である。その後、兵学大助教、海軍中佐兼兵学中教授などを経て、明治十九年に海軍一等教官で退職するまで、海軍兵学寮（明治三年、海軍操練所から改称）、海軍兵学校（明治九年、海軍兵学寮から改称）で航海、測量の教育にあたった。

この間、近藤は攻玉社の経営にあたるとともに、明治八年には日本初の私設海員養成学校である航海測量習練所を東京に開校（明治十三年に商船黌《しょうせんこう》と改称）、さらに明治十四年には鳥羽商船黌を開校している。攻玉社はその後、国内有数の海軍兵学校予備校となる。

近藤真琴
所蔵：攻玉社学園

攻玉社からは日露戦争の旅順《りょじゅん》閉塞作戦で知られる広瀬武夫《たけお》、日露戦争で駆逐艦部隊を指揮して活躍し、のちに首相となってポツダム宣言受諾に尽力した鈴木貫太郎《かんたろう》が輩出した。商船黌は明治十九年に経営難のため閉鎖されたが、鳥羽商船黌は幾度かの組織改編を経て、現在も鳥羽商船高等専門学校として海員や技術者を養成しつづけている。

甲賀源吾や中島三郎助は箱館戦争で戦死し、降伏した松岡磐吉は榎本軍の幹部が赦免《しゃめん》される前に獄中で病死したが、全体的に見れば維新の動乱を生き延びた幕府海軍士官は少なくない。彼らの一部は赤松、肥田たちのように日本海軍へ出仕して黎明期を支えた。

その一方で近藤のように海軍に籍を置きつつ、海軍以外の世界でも大きな足跡を残した者、あえて海軍から離れて他分野で活躍した者も多い。蝦夷政権で海軍奉行となり宮古湾海戦から箱館湾海戦までを戦い抜いた荒井郁之助は、開拓使への出仕を経て内務省で測量や気象観測に任じ、初代中央気象台長となった。沼津兵学校で教鞭を執った矢田堀鴻や塚本明毅も新政府に出仕し、矢田堀は工部省や左院、塚本は内務省地理局で勤務している。また、小野友五郎のように海軍への出仕要請を固辞し、民部省、工部省で鉄道敷設のための測量業務に力を尽くした者もいる。彼らは海軍士官として身につけた知識、技能をもって、さまざまな分野で日本の近代化を支えていったのである。

2　明治初年の日本海軍

西海巡幸

ここからは明治維新により役割を終えた幕府海軍と入れ替わるように生まれた日本海軍について、その黎明期の動きを、いくつかのトピックを挙げながら簡単に見ておきたい。

明治二年（一八六九）七月に兵部省が設置された際に管轄下に入った艦船は軍艦「富士山」「甲鉄」「千代田形」、運送船「飛隼《ひじゅん》」（二〇〇トン、スクリュー）「飛龍」「快風《かいふう》」（一五五トン、帆船）「長鯨」の七隻である。このうち幕府が発注しながら新政府が購入した「甲鉄」も含めれば、「飛隼」（南部《なんぶ》藩から献納）、「快風」（備中松山《びっちゅうまつやま》藩から献納）以外の五隻は旧幕府から移管された艦船である。諸藩からの献納を中心に保有艦船は漸増していくが、まことに貧弱な陣容から日本海軍はスタートしたのである。

箱館戦争の終結後、海軍が大規模に運用されたのが明治五年五月から七月にかけて行われた明治天皇の西海巡幸である。この巡幸では御召艦となった「龍驤《りゅうじょう》」（二五三〇トン、スクリュー。熊本藩から献納）にのべ九隻の軍艦が随伴した。参議西郷隆盛以下の随員が天皇に従ったほか、海軍の責任者として海軍少輔川村純義も「龍驤」に乗り組んでいる。

艦隊の航程は**表5-1**に示すとおりである。他の任務や修理による随伴艦の増減があり、日向灘《ひゅうがなだ》を航行中の七月三日には波浪のため「龍驤」「春日」「日進《にっしん》」（一四六八トン、スクリュー。佐賀藩から献納）以外の艦が艦列を維持できず一時的に離脱しているが、それ以外はおおむね秩序を保って行動している。

表5－1　明治2年西海巡幸の行程

月日	発	着
5/23	品川	金田湾
5/24	金田湾	
5/25		鳥羽
5/27	鳥羽	
5/28		大阪
6/7	大阪	小豆島西湾
6/8	小豆島西湾	鞆
6/9	鞆	
6/10		下関
6/13	下関	
6/14		長崎
6/17	長崎	肥後小島沖
6/21	肥後小島沖	
6/22		鹿児島
7/2	鹿児島	
7/4		下真島沖
7/6	下真島沖	兵庫
7/10	兵庫	
7/11		金田湾
7/12	金田湾	横浜

出所：『明治天皇紀』第2、691～730頁より作成

六月二十四日には鹿児島で伊東祐麿《すけまろ》大佐（薩摩藩出身）を指揮官とする艦隊が桜島と沖小島の間で艦列を組み、薩英戦争を模して陸上砲台の陸軍部隊と砲戦を繰り広げる形の演習が行われている。この西海巡幸の評価は第二章で見た将軍徳川家茂の海路上洛と比べると容易になる。幕府、諸藩の一二隻が参加した将軍海路上洛では将軍座乗艦の「翔鶴」が出航四日目にして随伴の一一隻と離れ離れになっている。これと比べると西海巡幸では明らかに艦隊行動が行われていた。艦船の性能と人員の練度、どちらもそれを可能にする域に達していたのである。

佐賀の乱

明治七年二月、元参議江藤新平《しんぺい》と元秋田県権令《ごんれい》島義勇《よしたけ》を指導者に、政府に不満を持つ佐賀県士族が決起した。佐賀の乱である。政府は東伏見宮《ひがしふしみのみや》嘉彰親王（明治三年、宮号を仁和寺宮から東伏見宮に改める）を征討総督に任じ、実質的に兵の指揮を執る征討参軍に陸軍の山県有朋中将と海軍の伊東祐麿少将（明治五年八月に昇進）を充てた。征討総督と征討参軍は、戊辰戦争における東征大総督、各方面の鎮撫総督と参謀の関係と同じである。なお、実際には征討総督、参軍の任命に先立ち、内務卿大久保利通が佐賀県鎮撫のため兵権を含めた全権を委任され現地へ出張、東伏見宮の到着前に反乱軍を打ち破り、三月一日に佐賀城へ入城している。

反乱鎮圧のため海軍からは、東伏見宮の乗艦となった「龍驤」「東《あずま》」（「甲鉄」から改称）、「雲揚《うんよう》」（二四五トン、スクリュー。長州藩から献納）の軍艦三隻、運送船八隻が動員された。海軍部隊は陸上砲撃、海上の警戒にあたったほか海兵隊が牛津川《うしづがわ》で反乱軍を撃破し、陸軍に先立ち佐賀城に入る殊勲を挙げている。

台湾出兵

この年、海軍は国内反乱の鎮圧とともに外征も経験する。台湾出兵である。ことの発端は明治四年十月に、琉球王国が支配する宮古島の島民が王都首里《しゅり》からの帰路に台風のため台湾へ漂着し、五四名が現地住民に殺害された事件である。日本政府は清国へ抗議し事件の賠償を求めたが、台湾は統治が及ばない領域であるという立場をとる清国との交渉は妥結せず、明治六年政変以降の政情不安、士族の不満を国外へ向ける思惑もあり、政府は台湾への出兵を企図した。台湾出兵は政治・外交面の経過が複雑で関連研究も膨大だが、ここでは海軍の動きを中心に見ておく。

明治七年四月五日、政府に参議兼大蔵卿の大隈重信《おおくましげのぶ》（佐賀藩出身）を長官とする台湾蕃地事務局が置かれ、派遣軍を指揮する台湾蕃地事務都督に陸軍中将西郷従道《じゅうどう》（薩摩藩出身。隆盛の弟）、西郷を補佐する参軍に陸軍から谷干城《たてき》少将（土佐藩出身）、海軍から幕府海軍出身の赤松則良少将が任命された。アメリカ、イギリス両公使の出兵反対、同じく出兵に反対する参議木戸孝允の下野により政府は出兵の中止を決定するが、長崎で出発の準備にあたる西郷は独断で部隊を出発させ、自身も五月十七日に長崎を出発、同月二十二日に台湾南部に上陸すると台湾平定作戦を開始、七月一日までに作戦を終了させた。

この出兵で海軍からは「日進」「孟春《もうしゅん》」（三五七トン、スクリュー。佐賀藩から献納）の軍艦二隻と海兵隊が出動したが、台湾の現地住民が相手の戦闘では海軍力が活躍する余地はなかった。赤松少将の出番も最大の激戦となった牡丹社《ぼたんしゃ》との戦闘における右翼部隊の指揮など、もっぱら陸戦に限られた。

このように、台湾出兵での海軍の役割は限定的なものだったが、一六世紀末の文禄・慶長の役以来、日本の海軍力がはじめて外征に動員された出来事として留意するべきだろう。

西南戦争

明治十年二月から九月にかけて九州各地で激戦が繰り広げられた西南戦争は、各地で起きた士族反乱のなかで最大にして最後のものであり、事実上、明治維新の締めくくりとなった内乱である。日本海軍にとってもこの戦いは黎明期とそれ以降の結節点となった。

明治六年政変で下野した西郷隆盛により鹿児島に設立された私学校の生徒が、陸海軍の弾薬庫を襲撃したとの報がもたらされると、当時京都行幸中の明治天皇に供奉《ぐぶ》していた海軍大輔川村純義中将（明治七年八月に中将任官）は運送船「高雄丸」（一一九一トン、スクリュー。船長：伊東祐亨《ゆうこう》中佐〔伊東祐麿の弟。勝海舟が神戸に開いた海軍塾出身〕）で鹿児島へ急行して西郷の慰撫《いぶ》を試みた。川村の妻は西郷の従妹にあたり、川村自身も西郷から実の弟のように可愛がられた間柄である。西郷に会えれば事態を収拾できる目算があったのだろう。こうして西郷との直接会談に一縷《いちる》の望みを賭けた川村だったが私学校生徒に阻まれて果たせず、逆に「高雄丸」が襲撃される危険も生じたため神戸へ帰投、行幸に供奉していた「春日」「龍驤」

「清輝《せいき》」（八九七トン、スクリュー）を九州へ急派して沿岸部の警備にあたらせた。

西郷軍が決起すると政府は有栖川宮熾仁親王を征討総督、山県有朋中将と川村を参軍とする征討軍を編成する。海軍からは軍艦、運送船のべ一三隻と海軍の人員の七割にあたる二二八〇名が動員されたほか、他省所属の船や民船ものべ一〇〇隻以上が海軍付属となって輸送に従事し、行幸供奉の諸艦を率いていた伊東祐麿少将が艦隊指揮官に任じられた。

西南戦争は熊本城攻防戦や田原坂《たばるざか》の戦いなどの陸上戦闘が中心だったが、海軍が果たした役割も小さくない。開戦早々に九州へ派遣された諸艦は海上警備にあたり西郷軍の運送船を拿捕し、大分・延岡《のべおか》方面で陸上を砲撃している。三月に入ると、鹿児島に留まる島津久光慰《い》撫《ぶ》のため派遣された勅使柳原前光《やなぎわらさきみつ》を護衛する陸軍と警視隊合わせて約一七〇〇名（黒田清隆陸軍中将指揮）が鹿児島に上陸、西郷軍の弾薬製造施設や砲台を破壊する。柳原が任を終えて鹿児島を離れると、黒田はさらにこれを率いて日奈久《ひなぐ》（現在の熊本県八代《やつしろ》市）に上陸、増援を加えて約四五〇〇名となった兵力（衝背軍《しょうはい》）で敵の背後を衝《つ》き、西郷軍に包囲された熊本城の救援に成功した。この一連の作戦で海軍は伊東少将の指揮する艦隊が運送船の護衛にあたるとともに上陸支援砲撃、水兵による上陸戦闘を行っている。九月に入って西郷軍が鹿児島に追い詰められると各艦は戦争終結までの間、陸上砲撃と陸軍の輸送支援に任じた。

なお、佐賀の乱や台湾出兵に出動した海軍の海兵隊は明治九年に行政整理で廃止されており、以後、海軍による陸上戦闘は各艦の乗員で編成された海軍陸戦隊が担うようになる。

このように西南戦争で海軍は兵員の輸送、陸上砲撃、海上の警戒にあたり、それぞれで成果を収めた。これらはいずれも幕府海軍および旧幕府海軍、彼らと対峙した諸藩の海軍が第二次幕長戦争以降のさまざまな戦場で培ってきた海軍力が可能としたものだった。艦隊を指揮した伊東祐麿は薩摩藩船「春日」に乗り組んで戊辰戦争に従軍した経歴の持ち主であり、各艦の艦長も諸藩の艦船に乗り組んで戊辰戦争を戦った者が少なくない。そのなかには「東」艦長の沢野種鉄中佐（佐賀藩出身。長崎海軍伝習に参加）、「日進」艦長の伊東祐亨中佐（「高雄丸」の神戸帰投後「日進」艦長へ異動）のように幕府の海軍教育を受けた者もいる。

また、幕府海軍出身者で言えば、西南戦争時に「春日」の副長だった伴正利大尉は、戊辰戦争時には榎本艦隊に参加し、「回天」に乗り組んで宮古湾海戦を経験している。西南戦争には幕末海軍が蓄積した技量の集大成という側面があったのである。西南戦争の終結により一〇年以上続いた日本の内戦期は幕を閉じ、日本海軍は清国を仮想敵国とした外征用の海軍への道を歩んでいく。

3　幕府海軍の遺産

人材

明治五年（一八七二）に出版された政府の職員録『官員全書』で、海軍省の欄に記載されているのは五九六名。このうち旧幕臣と推定される東京府、旧静岡藩領および旧天領の静岡県、浜松県、足柄《あしがら》県に籍を置く者は一七五名、全体の二九・三％を占めている。薩摩藩出身者の一四・九％、長州藩出身者の五・七％、佐賀藩出身者の五・五％と比べても突出している。特に佐々倉義行（桐太郎）、沢太郎左衛門（箱館戦争後入獄。赦免後、開拓使御用掛を経て明治五年に兵部省出仕）らが中心となった初期の海軍兵学寮ではスタッフの半数が旧幕臣である。人員、装備、施設、制度、いずれもゼロから海軍を作り上げる苦労を経験した旧幕府海軍の士官たちは、自らが明治海軍の第一世代となって黎明期の海軍を支えたのである。甲賀源吾や松岡磐吉が生きていれば彼らのよき僚友となっていたかもしれない。

新政府に出仕した幕府海軍士官たちの多くは明治十年代から二十年代にかけて次々に老境を迎えて退役し、彼らの薫陶を受けた若い世代に海軍を引き継いでいく。ここまでは彼らが明治海軍で直接果たした役割について触れたが、ここからは彼らがその後の海軍で間接的に果たした役割を見ていきたい。

明治二十七年、朝鮮で起きた甲午《こうご》農民戦争の処理をめぐる対立から日清戦争が勃発する。この戦いで日本海軍は豊島沖《ほうとうおき》海戦、黄海海戦、威海衛《いかいえい》の戦いに勝利し、戦艦「定遠《ていえん》」「鎮遠《ちんえん》」を擁する有力な清国北洋水師を撃破した。日本海軍の勝因には単横陣に対する単縦陣の優越という戦術上の要因、日本艦隊の速度の優越という装備上の要因、そして兵の士気の差などがよく挙げられるが、ここでは人材養成の蓄積という点から考えてみたい。

清国の近代海軍建設は一八六六年の福州船政局（福建船政局とも）設置に始まる。日本で長崎海軍伝習が開始されてから一一年後のことである。その後、清国海軍の艦船は急速に整備され、建艦競争で日本を突き離すが、人材育成はそう簡単にいかなかった。水師提督（司令官）の丁汝昌《ていじょしょう》は三十代まで陸戦で経歴を重ねてきた人物であり、清国の海軍第一世代は大佐級にとどまっていた。彼らの多くが日清戦争を初陣として迎えた点も忘れてはならない。

一方、日本では幕末期に近代海軍教育を受け、戊辰戦争や一連の士族反乱で実戦経験を積んだ海軍士官たちが首脳陣を構成していた。連合艦隊司令長官として日本艦隊を率いたのは神戸の勝海軍塾に学んだ伊藤祐亨中将、連合艦隊の一翼を担った西海《さいかい》艦隊の司令長官は佐賀藩から長崎海軍伝習へ派遣されたのち自藩の海軍へ入り、軍艦「延年」に乗り組んで戊辰戦争を戦った経歴を持つ相浦紀道《あいのうらのりみち》少将である。また、宮古湾海戦で甲賀源吾の壮烈な最後を目撃した東郷平八郎大佐は「浪速《なにわ》」（三七〇九トン）艦長として開戦を迎え、戦役中に少将に進んで西海艦隊とともに連合艦隊を構成した常備《じょうび》艦隊（第一遊撃隊）の司令官となっている。筆者はこうした人材育成における幕末期のリードタイムが、日本側に戦闘指揮でのさまざまな優越をもたらしたと考えている。

なお、第一章で述べたとおり幕府海軍以外の諸藩海軍も、その多くは長崎海軍伝習で教育を受けた藩士たちが創設を担っている。伊東や相浦のように直接幕府の海軍教育機関やそれに準ずる場に学んだ者はもちろんのこと、薩摩藩で海軍キャリアをスタートさせた東郷のような者も含め、幕末期に海軍教育受けた世代全体に対する幕府海軍の意義は、決して小さなものではないと言えるのではないだろうか。

また、日清戦争の開戦時日本では現職閣僚である榎本武揚（第二次伊藤博文内閣の農商務大臣。第三代海軍卿、中将）のほか、勝安芳（枢密顧問官。初代海軍卿）、川村純義（枢密顧問官。第二・四代海軍卿、中将）、佐野常民《つねたみ》（枢密顧問官。佐賀藩からの長崎海軍伝習派遣学生。元兵部少丞）、中牟田倉之助（枢密顧問官。初代海軍軍令部長、中将）、伊東祐麿（貴族院議員。中将）ら幕末期に海軍へ身を投じ、当時は海軍の第一線を離れて政府の要職にあった者が少なくなかった。海軍予算を庭園整備（頤和園《いわえん》）に流用されるなど、海軍建設に対する政府の無理解に苦しめられた丁汝昌に比べ、日本海軍の首脳部は政治面のバックアップという点で実に恵まれていたと言えよう。

もし日本の海軍建設が、一八六八年の明治建軍からスタートしていたならば、逆に清国につけられていた二年間の差は、容易に覆せなかったのではないだろうか。

造修施設

横須賀の米海軍基地に現存するドライドック
出所：筆者撮影（2018年）

幕府海軍から明治海軍へ受け継がれたのは人材や艦船だけではない。幕府海軍の遺産の一つが造修施設である。文久元年（一八六一）三月に幕府の手により長崎製鉄所が完成、以後、艦船修理に活躍するが、品川沖を根拠地とする幕府海軍には遠方に過ぎ、艦船の修理は主に浦賀で行われた。ドライドック（船舶の建造、修理などのため海岸を掘削《くっさく》ないし埋め立てて築く構造物「ドック」のうち、中の水を抜けるものがドライドック。同じく排水機能を持つドックでも海上に浮遊する構造物は浮きドックと呼ばれる）のような専門の修理施設のない浦賀では、修理のたびに河口を閉ざし排水した上で作業を行っていた。商業港として繁栄していた浦賀の町方にとり商品流通が停止するこの作業は迷惑以外の何物でもなく、幕府もこの不満を無視することができなかった。商港と軍港の競合は、古今東西どこでも見られる古くて新しい問題なのである。

そこで新たに造修施設を建設したのが横須賀である。この地が選ばれたのは、フランスの駐日公使レオン・ロッシュが、フランスのトゥーロン港に似ていると幕府に薦めたためと言われる。幕府は元治二年（一八六五）一月にフランス人技師レオンス・ヴェルニーを招いて造修施設建設を開始する。横須賀製鉄所と命名されたこの施設は製鉄所、艦船修理施設、造船所、技術学校、語学学校などを包括する巨大な施設群として計画され、幕府終焉までには完成しなかったが、事業は明治政府に引き継がれ、幾度かの組織改編を経て明治三十六年に横須賀海軍工廠《こうしょう》となった。

この事業を推進した勘定奉行小栗忠順は建設費用を心配する目付の栗本瀬兵衛《せへえ》へ「これが完成すれば土蔵付き売家の栄誉を残せる（猶《な》お土蔵附売家の栄誉を残す可《べ》し）」と語ったと、維新後ジャーナリストとなった瀬兵衛、栗本鋤雲《じょうん》が書き残している（『匏菴遺稿《ほうあん》』）。小栗にはすでに幕府の命数が尽きていること、この事業が日本の新時代への遺産となるだろうこと、この二つが見えていたのだろう。小栗は徳川慶喜に罷免された後、新政府軍に斬首されるという非業《ひごう》の最期を遂げるが、このとき建設されたドライドックは現在も在日米海軍横須賀基地の敷地内で健在である。

構想

第二章で見たとおり、幕府海軍は全国を六つの警備管区に分けてそれぞれに艦隊を置く構想を文久の改革で提示した。明治海軍はどうだろうか。

明治八年、海軍省は艦隊根拠地として東海鎮守府と西海鎮守府を置くと決定した。ただし、このときは横浜に東海鎮守府が置かれただけで西海鎮守府は計画のみにとどまっている。東海鎮守府は明治十七年に横須賀へ移転して横須賀鎮守府となった。幕末期に浦賀が軍港化を拒んだように、横浜の国際貿易港としての機能が軍港機能より優先された結果であろう。

その後、明治十九年の海軍条例により全国は五つの海軍区に分けられ、明治二十二年に呉《くれ》（現在の広島県呉市）と佐世保に、明治三十四年に舞鶴《まいづる》（現在の京都府舞鶴市）にそれぞれ鎮守府が置かれた。計画では室蘭にも鎮守府を置く予定だったが厳しい財政事情で実現に至らず、明治三十五年に青森県の大湊《おおみなと》（現在のむつ市）へ水雷団を置くことで折り合いが付けられている。幕府海軍の構想が四〇年の歳月を経て具現化したと言えよう。

このように諸藩に先駆けて創設された幕府海軍一三年間の蓄積は、明治海軍の建設がスムーズに進んでいくために欠くことのできない貯金となった。俗な言い方をすれば明治海軍は幕府海軍からの「居抜き」でスタートしたのである。その日本海軍も西南戦争以降は日清戦争、日露戦争、第一次世界大戦と、外洋海軍（Blue Water Navy）への道を歩み、アジア・太平洋戦争では本来の能力を超えた戦域を担って敗れた。

現在日本の海上防衛を担っているのは、昭和二十七年（一九五二）に創設された海上警備隊を経て昭和二十九年に誕生した海上自衛隊である。現在海上自衛隊の任務に掲げられているのは、

・国の防衛
・海洋安全保障の確保等
・関係国との協力
・災害派遣
・国際緊急援助活動

の五項目である。日本沿岸の防備体制を構築するために苦闘を続けた幕府海軍と比べると任務の多様性がよくわかる。海上自衛隊は全国を五つの警備区に分け、海軍時代に鎮守府が置かれた横須賀、佐世保、呉、舞鶴、終戦時には警備府が置かれていた大湊に、それぞれ地

方総監部を置いている。他にも用語、名称の多くを日本海軍から引き継いでいる海上自衛隊は「海軍の後継者」という意識が強い一方で、幕府海軍は平素ほとんど意識されていない。ただし、幕府海軍によって軍港化が始まった横須賀に自衛艦隊以下の各級司令部が集中していることを考えれば、海上自衛隊もまた幕府海軍の系譜に連なる存在と言えるだろう。

今日の海軍の役割

一九九一年の湾岸戦争を最後に、局地戦はさておき海軍力が大規模に投入される戦争は起きていない。もちろんこれは永続的な海上の平和を保障するものではなく、海軍の軍事的役割、それを担保する戦闘能力の重要性を低下させるものでもないことを断った上で、ここでは現代の海軍が日頃従事している実動任務について紹介したい。これらの活動は「非戦争軍事行動（Military Operations Other Than War : MOOTW）」と呼ばれるもので、冷戦終結後に先進国を中心に発展してきた概念である。

一つ目は序章で触れた警察的役割、特に海賊対処である。現代の海賊多発海域は東南アジア、南アメリカ、アフリカに集中している。なかでもアラビア半島とソマリア半島に挟まれたアデン湾とインド洋のソマリア周辺海域に出没する海賊は、一九九〇年代のソマリア内戦を契機に頻発するようになり、深刻な国際問題となった。

このため二〇〇八年に国連加盟国の海軍艦艇に海賊行為の阻止を認める国際連合安全保障理事会決議一八一六号が全会一致で採択され、翌年に海賊対処のための多国籍海上部隊第一五一連合任務部隊（CTF－151）が編成された。CTF－151に参加せず独自に艦艇を派遣する国を含めて約三〇ヶ国が同海域での海賊対処に参加し、日本も二〇〇九年から護衛艦と哨戒《しょうかい》機を派遣、二〇一三年からはCTF－151の一員となって活動している。

これにより同海域の海賊は減少し、二〇一九年には海賊の発生件数はゼロとなったが、内戦で荒廃したソマリア（現在はプントランドなどの自治政府を包括して構成されるソマリア連邦共和国、ソマリランド共和国、イスラム勢力アル・シャバブの支配領域に分裂）の国土が復興しない限り、各国が撤収した途端に海賊が再発することは明白であり、今後も継続的な監視・警戒活動が必要である。

二つ目が人道支援、災害救援、よくHA／DR（Humanitarian Assistance / Disaster Relief）と称されるもので、非伝統的な安全保障分野に属するとされる活動である。海洋を介して世界中のどこにでもアクセス可能で、大量の兵力、物資を大量に速やかに輸送できる海軍のパワー・プロジェクション能力は、災害救助活動でも有効に機能する。二〇一一年に起きた東日本大震災で被災地救援のためアメリカ軍が展開した「トモダチ作戦」をご記憶の読者諸賢も多いだろう。

二六ヶ国が参加した二〇一八年度環太平洋合同演習（RIMPAC2018）において、筆者が参加した演習シナリオもHA／DRだった。筆者はこの演習で民事作戦（民生活動、医療支援、治安維持など、民事領域に関する軍隊の作戦行動）を専門とするアメリカ陸軍部隊の連絡士官を務めたが、その任務は被害状況の把握、復旧計画の策定、現地政府、各国救援部隊、NGOとの調整など多岐にわたった。彼らの持つノウハウは東日本大震災の災害派遣に出動した経験を持つ筆者もはじめて目にするものが多く、近年軍隊が担うようになってきた新しい役割についてあらためて認識する機会となった。

有史以来軍隊に求められてきた中核的な役割は破壊し、殺傷し、占領し、支配することであり、これを安全保障分野では価値剝奪《はくだつ》と呼んでいる。一方、内戦終結後の停戦監視、武装解除、能力構築支援など、支援対象国を復興させるための活動を価値創出と呼んでおり、近年軍隊の新たな役割とされてきている分野である。軍隊の古典的な役割である価値剝奪、新たな役割である価値創出、その両方の機能を求められているのが現代の軍隊であり、海軍もその軍種特性を生かしてこれに貢献することが求められている。

二〇二〇年二月に海上自衛隊幹部学校で開催され、一四ヶ国が参加した第二三回アジア太平洋諸国海軍大学セミナーでは「人道支援／災害救援としての輸送における海軍間の協力」というセッションが設けられ、各国の海軍大学から派遣された代表が意見を戦わせた。

アジア太平洋地域に多い島嶼《とうしょ》部での災害に対して、海軍力が持つ優れたアクセス性、特に水陸両用戦能力の有効性が挙げられる一方で、HA／DRへ戦力を割くことで海軍の本来任務に支障をきたす可能性を指摘する国もあり、限られた戦力、予算のなかでどこまでHA／DRを追求するか、本来任務とのバランスが重要であるという認識が共有されていた。これは災害多発国である日本にとっても常に頭を悩ませる問題である。

また、筆者がRIMPAC2018で経験したように、異なる軍種が一つの作戦で協同すること（統合運用）が、現在ではごく当たり前のこととして行われるようになってきている。第二次幕長戦争の折、大島口で陸軍部隊に待ちぼうけを食わされた幕府海軍の面々からすれば、まさに隔世の感であろう。そして陸海空軍の活動も、宇宙・サイバー・電磁波という新たな作戦領域にまたがる時代になって久しい。海軍に求められる機能もまた、時代の変化に応じてこれからも変わりつづけていくことになるが、ここから先は本書のテーマからはいささか逸脱する話となる。この問題を論じるのは別の機会に譲り、幕府海軍をめぐる物語はひとまずここで幕を下ろすこととしたい。

あとがき

本書は本来もっと早く刊行される予定だった。そんな言い訳から始めることをお許しいただきたい。二〇一七年に学術書である前著『幕府海軍の興亡』を上梓《じょうし》した後、幕府海軍についてより幅広い層に知ってもらうというコンセプトで本書を構想し、明治一五〇年にあたる二〇一八年に刊行することで中央公論新社とお話をさせていただいた。

執筆・出版スケジュールが固まった矢先、思いがけず防衛研究所から本省の海上幕僚監部へ呼び戻されることとなり、幕僚勤務に明け暮れている間、執筆を中断せざるを得なくなった。担当の編集者小野一雄さんへ脱稿が遅れることをお詫びしたところ、事情をご理解いただいた上で「本当は早く書いてほしいですが、何年でも待ちますよ」と、たいへん温かい言葉をいただいた。このときのありがたさと申し訳なさは筆舌に尽くし難い。二〇二〇年に防

RIMPAC2018での筆者（右）と、連絡士官を務めたアメリカ陸軍部隊の幕僚　多国間・軍種間の協同は現代の軍隊運用の特徴である

衛大学校の准教授を拝命し、幸いにして研究生活へ復帰したが、今度はコロナ禍への対応に追われ、その後もさまざまな事情により刊行スケジュールは大幅に遅れることとなった。なんとかここまで辿《たど》りついたというのが、筆を擱《お》くにあたっての率直な心境である。

ただし、怪我《けが》の功名という面もなしとはしない。二〇一八年の夏には環太平洋合同演習（RIMPAC2018）派遣部隊の幕僚を命ぜられてハワイへ派遣され、演習のかたわらヒッカム統合基地の敷地内に現存する給炭用のレールや砲台跡といった、一九世紀アメリカ海軍の痕跡《こんせき》を目にする機会を得た。帰国後に異動した海上幕僚監部では、交渉のため横須賀の在日米軍へ赴いた際に、先方のご厚意で敷地内に残る幕府建設のドライドックを間近で見せていただいた。これらの経験は一九世紀から現代まで海軍が歩んできた道のりを考える上で、筆者に重要なインスピレーションを与えてくれた。

現在勤務する防衛大学校では、専門的な話を平易に語るにはどのような工夫が必要なのか、話が詳細にわたってくると容赦なく眠り出す学生諸氏との息詰まる攻防から学ぶところが多い。本書には彼ら彼女らとの対話から得られたものがいくつも含まれている。

また、長崎海軍伝習で日本人の教育にあたった二人のオランダ海軍士官ペルス＝ライケンとカッテンディーケについて、これまで書籍によって階級表記の差異があったが、ライデン大学議会文書センターから二人の経歴に関する情報提供を受け、二人とも大尉で来日し、日本派遣中に中佐へ昇進した事実を確定できた。この点は本書のささやかな学術的成果の一つであり、同センターの御協力に心から感謝する。

なお、筆者がこのあとがきを書いている時点で続いているロシアのウクライナ侵攻では黒海も戦場となっているが、歴史研究者として現在進行中の事象を断片的な情報で評価するのを避け、終章ではあえて触れなかった。この戦いが終わった後に明らかになってくるであろう海上戦闘の全体像から何を見出すか、今後の課題としたい。

かような次第で小野さん、小野さんの異動後に担当を引き継がれた田中正敏さんをはじめ中公新書編集部には多大な御迷惑をおかけしてしまったが、辛抱強く本書の執筆にお付き合いいただいたご寛容さにお礼を申し上げたい。

幕府海軍という一三年間だけ存在した海軍組織が後世に残した歴史的意義を余すところなく論じたいと思いながら筆を執ってきたが、果たしてそれが上手くいったか、いささか心もとない。読者諸賢のご叱正をお待ちする次第である。

二〇二三年三月　浦賀水道に臨む防衛大学校の研究室にて

筆者

参考文献

書籍

青木栄一『シーパワーの世界史①・②』(出版協同社、一九八二〜一九八三年)。

安達裕之『異様の船』(平凡社、一九九五年)。

石津朋之編『戦争の本質と軍事力の諸相』(彩流社、二〇〇四年)。

石橋絢彦『回天艦長　甲賀源吾傳　附函館戦記』(甲賀源吾傳刊行會、一九三二年。本書では二〇一一年にマツノ書店より復刻された版を使用した)。

伊藤之雄編著『維新の政治変革と思想』(ミネルヴァ書房、二〇二二年)。

岩下哲典『江戸無血開城』(吉川弘文館、二〇一八年)。

大山柏『戊辰戦役史』補訂版(時事通信社、一九八八年)。

小川雄『徳川権力と海上軍事』(岩田書院、二〇一六年)。

同『水軍と海賊の戦国史』(平凡社、二〇二〇年)。

海軍歴史保存会編『日本海軍史』第一〜十一巻(第一法規出版、一九九五年)。

海部陽介『サピエンス日本上陸』(講談社、二〇二〇年)。

門松秀樹『開拓使と幕臣』(慶應義塾大学出版会、二〇〇九年)。

神谷大介『幕末期軍事技術の基盤形成』（岩田書院、二〇一三年）。

同『幕末の海軍』（吉川弘文館、二〇一八年）。

菊池勇夫『五稜郭の戦い』（吉川弘文館、二〇一五年）。

黒田日出男、メアリ・エリザベス・ベリ、杉本史子編『地図と絵図の政治文化史』（東京大学出版会、二〇〇一年）。

公爵島津家編輯所編『薩藩海軍史』上・中・下（薩藩海軍史刊行会、一九二八～一九二九年）。

後藤敦史『忘れられた黒船』（講談社、二〇一七年）。

白石壽『小倉藩家老　島村志津摩』（海鳥社、二〇〇一年）。

鈴木かほる『史料が語る向井水軍とその周辺』（新潮社、二〇一四年）。

鈴木淳編著『経済の維新と殖産興業』（ミネルヴァ書房、二〇二二年）。

立川京一、石津朋之、道下徳成、塚本勝也編著『シリーズ軍事力の本質②シー・パワー』（芙蓉書房出版、二〇〇八年）。

田中弘之『幕末の小笠原』（中公新書、一九九七年）。

野口武彦『幕府歩兵隊』（中公新書、二〇〇二年）。

長谷川健二、平野研一『地文航法』改訂新版（海文堂出版、一九九三年）。

樋口雄彦『沼津兵学校の研究』（吉川弘文館、二〇〇七年）。

フォス美弥子編訳『海国日本の夜明け』（思文閣出版、二〇〇〇年）。

藤井哲博『咸臨丸航海長　小野友五郎の生涯』（中公新書、一九八五年）。

同『長崎海軍伝習所』（中公新書、一九九一年）。

防衛大学校安全保障学研究会編著『新訂第5版　安全保障学入門』（亜紀書房、二〇一八年）。

増田恒男『佐藤政養とその時代』（山形県遊佐町、二〇二〇年）。

町田明広『攘夷の幕末史』（講談社学術文庫、二〇二二年）。

松浦玲『勝海舟』（筑摩書房、二〇一〇年）。

三谷博『明治維新とナショナリズム』（山川出版社、一九九七年）。

三宅紹宣『幕長戦争』（吉川弘文館、二〇一三年）。

桃井治郎『海賊の世界史』（中公新書、二〇一七年）。

山内譲『豊臣水軍興亡史』（吉川弘文館、二〇一六年）。

R・G・グラント著『海戦の歴史大図鑑』五百旗頭真・等松春夫日本語版監修、山崎正浩訳（創元社、二〇一五年）。

ジェームズ・ホームズ著『海洋戦略入門』平山茂敏訳（芙蓉書房出版、二〇二〇年）。

Booth, Ken. *Navies and Foreign Policy*. London: Croom Helm, 1977.

Colombos, C. John. *The International Law of The Sea Fifth Revised Edition*. New York, N.Y.: David Mckay Company, 1962.

Jordan, David, James D. Kiras, David J. Lonsdale, Ian Speller Christopher Tuck and C. Dale Walton. *Understanding Modern Warfare*. Cambridge: Cambridge University Press, 2008.

Lewis, Michael. *The Navy of Britain: A History Portrait*. London: Fontana Press, 1991.

Willmott, H.P. *The Last Century of Sea Power Volume 1: From Port Arthur to Chanak, 1894-1922*. Bloomington, In: Indiana University Press, 2009.

論文
金蓮玉「長崎「海軍」伝習再考」（『日本歴史』第八一四号、二〇一六年三月）。

田原昇「寛保水害以後の幕府水防体制と「鯨船」」（『東京都江戸東京博物館研究報告』第一六号、二〇一〇年三月）。

塚越俊志「榎本武揚と幕府海軍」（『弘前大学國史研究』第一四三号、二〇一七年十月）。

水上たかね「幕末期における江戸幕府組織改革の一断面」（『日本歴史』第八四一号、二〇一八年六月）。

史料
赤塚源六「赤塚源六北地日記」（国立公文書館デジタルアーカイブ）。

赤松範一編注『赤松則良半生談』（平凡社、一九七七年）。

巌本善治編、勝部真長校注『新訂　海舟座談』（岩波文庫、一九八三年）。

江藤淳・松浦玲編『氷川清話』（講談社学術文庫、二〇〇〇年）。

小野正雄監修『杉浦梅潭　箱館奉行日記』（杉浦梅潭日記刊行会、一九九一年）。

勝海舟『海軍歴史』Ⅰ～Ⅲ（勝海舟全集刊行会編『勝海舟全集』8～10〔講談社、一九七三～一九七四年〕）。

同「万延元年申年勝麟太郎物部義邦君航海日記」（射和文庫蔵）

カッテンディーケ著『長崎海軍伝習所の日々』水田信利訳（平凡社、一九六四年）

木村喜毅「奉使米利堅紀行」（慶應義塾大学メディアセンター蔵）。

同「木村芥舟翁履歴略記」（横浜開港資料館編『木村芥舟とその資料』一九八八年）。

宮内庁『明治天皇紀』第1〜12、索引（吉川弘文館、一九六八〜一九七七年）。

栗本鋤雲『匏菴遺稿』（裳華書房、一九〇〇年。本書では一九七五年に東京大学出版会から復刻された版を使用した）。

国立公文書館所蔵「御軍艦操練所伺等之留」（国立公文書館デジタルアーカイブ）。

同「御軍艦所之留」（国立公文書館デジタルアーカイブ）。

同「海軍御用留　慶応一年」（国立公文書館デジタルアーカイブ）。

同「海軍御用留　慶応四年」（国立公文書館デジタルアーカイブ）。

史談会編『史談会速記録』第1〜395輯（一八九二〜一九三二年。本書では一九七一〜一九七六年に原書房から復刻された版を使用した）。

戸羽山瀚編『江川坦庵全集』上・中・下（江川坦庵全集刊行会、一九六二年）。

日米修好通商条約百年記念行事運営会編『万延元年遣米使節史料集成』（風間書房、一九六〇〜一九六一年）。

望月大象「富士山艦長望月大象、長州征伐日記」（仲田正之編『韮山町史別篇資料集五』（韮山町史刊行委員会、一九九八年））。

立教大学文学部史学科日本史研究室編『大久保利通関係文書』第1〜5（吉川弘文館、一九六五〜一九七一年）。

金澤裕之（かなざわ・ひろゆき）

1977年，東京都に生まれる．慶應義塾大学文学部卒業．防衛大学校総合安全保障研究科後期課程修了．博士（安全保障学）．現在，防衛大学校防衛学教育学群准教授．2等海佐．専門は明治維新史．

著書『幕府海軍の興亡』（2017，慶應義塾大学出版会，猪木正道賞）
『維新の政治変革と思想』（2022，ミネルヴァ書房，共著）
など．

幕府海軍《ばくふかいぐん》
中公新書 *2750*

2023年4月25日発行

著 者 金澤裕之
発行者 安部順一

本文印刷 三晃印刷
カバー印刷 大熊整美堂
製 本 小泉製本

発行所 中央公論新社
〒100-8152
東京都千代田区大手町 1-7-1
電話 販売 03-5299-1730
編集 03-5299-1830
URL https://www.chuko.co.jp/

Published by CHUOKORON-SHINSHA，INC.
Printed in Japan ISBN978-4-12-102750-4 C1221

中公新書

日本史

d3